高等职业教育课程改革项目研究成果系列教材
"互联网+"新形态教材

电子设计自动化

主　编　马永军　王　蓉
副主编　黄印君　华有斌　黄　莉　艾群磊
主　审　郑剑海

北京理工大学出版社
BEIJING INSTITUTE OF TECHNOLOGY PRESS

内 容 简 介

本教材将可编程逻辑器件、PCB 电路板设计和实际应用相结合，以三人表决器的设计、3-8 线译码器的设计、二进制加法计数器的设计、数字秒表的设计、Altium Designer 电路原理图设计、Altium Designer 印制电路板设计等项目构建知识和能力体系，围绕项目设计需求讲述相关理论内容，以够用为度，突出应用性和可操作性。以真实项目和产品作为技能训练的载体，着重介绍 Quartus Ⅱ 软件、Altium Designer 软件等 EDA 工具及 VHDL 语言完成电路的设计与仿真，在设计项目中融入了 FPGA 配置器件的程序下载、RTC 图观察器应用等实用内容，技能训练按认知学习规律，从基础训练到拓展训练、由易到难、由简单到复杂，既相互关联又循序渐进，每个设计项目和训练任务都有详细注释和视频教学资源，有利于不同层次的学生学习"电子设计自动化"的相关基础知识。

本教材可作为高职高专院校、广播电视大学、成人高校和技师学院电子信息、应用电子及相关专业的教学用书，也可作为相关部门的技术培训教材或电子设计从业人员的入门参考书。

版权专有　侵权必究

图书在版编目(CIP)数据

电子设计自动化 / 马永军，王蓉主编. -- 北京：北京理工大学出版社，2023.6
ISBN 978-7-5763-2521-8

Ⅰ．①电… Ⅱ．①马… ②王… Ⅲ．①电子电路-电路设计-计算机辅助设计 Ⅳ．①TN702.2

中国国家版本馆 CIP 数据核字(2023)第 116655 号

出版发行 /	北京理工大学出版社有限责任公司
社　　址 /	北京市海淀区中关村南大街 5 号
邮　　编 /	100081
电　　话 /	(010)68914775（总编室）
	(010)82562903（教材售后服务热线）
	(010)68944723（其他图书服务热线）
网　　址 /	http://www.bitpress.com.cn
经　　销 /	全国各地新华书店
印　　刷 /	河北盛世彩捷印刷有限公司
开　　本 /	787 毫米×1092 毫米　1/16
印　　张 /	16.25
字　　数 /	375 千字
版　　次 /	2023 年 6 月第 1 版　2023 年 6 月第 1 次印刷
定　　价 /	52.00 元

责任编辑 /	张鑫星
文案编辑 /	张鑫星
责任校对 /	周瑞红
责任印制 /	施胜娟

图书出现印装质量问题，请拨打售后服务热线，本社负责调换

前言

"电子设计自动化"（EDA—Electronic Design Automation）是现代电子信息工程技术领域的一门前沿技术，它是基于计算机和信息技术的新型电路系统设计方法。电子设计自动化的发展和应用极大地缩短了硬件电子电路设计的周期，是现代电子工业的一个技术热点。目前相关教材很多，但很多教材专业性过强、门槛较高，使高职高专学生接受起来较为困难，本教材以三人表决器的设计、3-8 线译码器的设计、二进制加法计数器的设计、数字秒表的设计、Altium Designer 电路原理图设计、Altium Designer 印制电路板设计等项目为架构，配以相应的基础内容和拓展部分的技能训练，着重介绍 Quartus Ⅱ 软件、Altium Designer 软件等 EDA 工具及 VHDL 语言完成复杂电路的设计与仿真方法，重点突出了设计工程的应用能力。结合高职高专学生的学情特点和认知规律，以项目任务为载体与实际应用相结合，围绕项目设计需求讲述相关理论内容，从基础训练到拓展训练、由易到难、由简单到复杂，不同层次学生可选取不同训练内容，有利于学生学习电子设计自动化的相关基础知识。

（1）内容形式适合职业教育特点。

教材设计以学习成果为导向，以项目为驱动，弱化理论教学部分，强化"学习资料"功能，突出实践性。教材分为 6 个项目，下设若干个基础及拓展训练任务，以实训内容为中心，从任务目标、任务原理、任务设计到任务实施与技能考核等环节展开，注重学生职业能力的培养，内容由易到难、由简单到复杂，既相互关联又循序渐进，引领学生主动参与，在完成任务的过程中逐渐提高专业技能。

（2）采用新形态一体化活页式形式。

教材体现"互联网+"新形态一体化教材理念，采用活页式形式，每个设计项目和训练任务都有详细注释和视频资源，便于不同层次的同学学习、练习和取舍，技能训练部分留出一些设计内容供学生独立思考完成，并给出考核评价，强化学生程序设计能力，没弄懂的部分可通过扫描书中的二维码观看案例及训练任务的视频教学资源，碰到问题随扫随学，培养学生的自主学习能力。

（3）校企"双元"合作开发。

教材编写得到了合作企业的大力支持，许多项目和训练任务都来源于企业真实案例，反映典型岗位（群）职业能力要求，并将产业发展的新技术、新规范纳入教材内容，对标智能硬件应用开发"1+X"证书制度标准，促使学生了解并掌握 EDA 技术的应用，并为

"1+X"证书考试打下基础。

(4) 将职业素养、工匠精神等融入教材内容。

教材设置总结与思考模块,将项目设计过程中的感悟和原理与职业能力、职业素养、工匠精神等相结合,让学生在知识学习的过程中树立正确的世界观、人生观和价值观。

本书由九江职业技术学院马永军、王蓉担任主编,九江职业技术学院黄印君、华有斌、黄莉、北京杰创永恒科技有限公司艾群磊担任副主编,全书由马永军统稿,北京杰创永恒科技有限公司郑剑海担任主审。由于编者水平有限,书中难免存在不妥之处,敬请广大师生和读者批评指正。

编 者

目 录

项目一　三人表决器的设计 …………………………………………………………… (1)

1.1　项目设计内容描述 ………………………………………………………………… (1)
1.2　项目相关理论知识 ………………………………………………………………… (2)
　1.2.1　EDA 技术简介 ……………………………………………………………… (2)
　1.2.2　可编程逻辑器件 ……………………………………………………………… (2)
　1.2.3　Quartus Ⅱ软件应用 ………………………………………………………… (7)
1.3　三人表决器原理图设计 …………………………………………………………… (9)
　1.3.1　项目分析 ……………………………………………………………………… (9)
　1.3.2　项目设计 ……………………………………………………………………… (9)
　1.3.3　项目实施 ……………………………………………………………………… (10)
　1.3.4　Quartus Ⅱ器件编程 ………………………………………………………… (27)
1.4　总结与思考 ………………………………………………………………………… (33)
1.5　基础训练任务 ……………………………………………………………………… (35)
　1.5.1　任务1：一位全加器的设计 ………………………………………………… (35)
　1.5.2　任务2：一位半加器的设计 ………………………………………………… (43)
　1.5.3　任务3：一位全减器的设计 ………………………………………………… (45)
　1.5.4　任务4：一位相同比较器的设计 …………………………………………… (47)
1.6　拓展训练任务 ……………………………………………………………………… (49)
　1.6.1　任务1：四位全加器的设计 ………………………………………………… (49)
　1.6.2　任务2：四位相同比较器的设计 …………………………………………… (51)
　1.6.3　任务3：乘法器的设计 ……………………………………………………… (53)
　1.6.4　任务4：除法器的设计 ……………………………………………………… (57)

项目二 3-8线译码器的设计 (59)

2.1 项目设计内容描述 (59)
2.2 项目相关理论知识 (60)
 2.2.1 VHDL 语言概述 (60)
 2.2.2 VHDL 语言程序结构 (60)
 2.2.3 VHDL 语言基本要素 (63)
 2.2.4 VHDL 的并行语句 (68)
2.3 3-8线译码器 VHDL 设计 (70)
 2.3.1 项目分析 (70)
 2.3.2 项目设计 (71)
 2.3.3 项目实施 (72)
 2.3.4 RTL 图观察器应用 (74)
2.4 总结与思考 (74)
2.5 基础训练任务 (77)
 2.5.1 任务1：交通灯故障报警电路设计 (77)
 2.5.2 任务2：二输入与非门的设计 (79)
 2.5.3 任务3：数据编码器的设计 (81)
 2.5.4 任务4：数码管显示译码器的设计 (85)
2.6 拓展训练任务 (89)
 2.6.1 任务1：格雷码编码器的设计 (89)
 2.6.2 任务2：优先编码器的设计 (91)
 2.6.3 任务3：只读存储器的设计 (95)
 2.6.4 任务4：八路数据选择器的设计 (97)

项目三 二进制加法计数器的设计 (99)

3.1 项目设计内容描述 (99)
3.2 项目相关理论知识 (100)
 3.2.1 VHDL 进程语句 (100)
 3.2.2 VHDL 顺序语句 (101)
3.3 二进制加法计数器 VHDL 设计 (107)
 3.3.1 项目描述 (107)
 3.3.2 项目设计 (107)
 3.3.3 项目实施 (108)
3.4 总结与思考 (109)
3.5 基础训练任务 (111)
 3.5.1 任务1：十进制加法计数器 VHDL 设计 (111)

3.5.2 任务2：分频器 VHDL 设计 …………………………………………………… (115)
　　3.5.3 任务3：JK 触发器 VHDL 设计 ……………………………………………… (117)
　　3.5.4 任务4：五位循环左移寄存器 VHDL 设计 …………………………………… (119)
3.6 拓展训练任务 …………………………………………………………………………… (121)
　　3.6.1 任务1：异步复位同步置数六十进制加法计数器设计 ……………………… (121)
　　3.6.2 任务2：异步清零同步置数可逆计数器的设计 ……………………………… (123)
　　3.6.3 任务3：双向移位寄存器的设计 ……………………………………………… (125)
　　3.6.4 任务4：数控分频器的设计 …………………………………………………… (127)

项目四 数字秒表的设计 …………………………………………………………………… (129)

4.1 项目设计内容描述 ……………………………………………………………………… (129)
4.2 项目相关理论知识 ……………………………………………………………………… (130)
4.3 数字秒表混合输入设计 ………………………………………………………………… (130)
　　4.3.1 项目分析 ………………………………………………………………………… (130)
　　4.3.2 项目设计 ………………………………………………………………………… (131)
　　4.3.3 项目实施 ………………………………………………………………………… (135)
4.4 总结与思考 ……………………………………………………………………………… (136)
4.5 基础训练任务 …………………………………………………………………………… (139)
　　4.5.1 任务1：可调频率十进制加法计数器电路设计 ……………………………… (139)
　　4.5.2 任务2：篮球比赛24 s 计时器设计 …………………………………………… (141)
　　4.5.3 任务3：直流电动机测速器设计 ……………………………………………… (147)
4.6 拓展训练任务 …………………………………………………………………………… (153)
　　4.6.1 任务1：智能函数发生器的设计 ……………………………………………… (153)
　　4.6.2 任务2：数字频率计的设计 …………………………………………………… (161)

项目五 Altium Designer 电路原理图设计 …………………………………………… (168)

5.1 项目设计内容描述 ……………………………………………………………………… (168)
5.2 项目相关理论知识 ……………………………………………………………………… (169)
　　5.2.1 Altium Designer 软件安装 ……………………………………………………… (169)
　　5.2.2 Altium Designer 软件设置 ……………………………………………………… (173)
5.3 绘制电路原理图 ………………………………………………………………………… (177)
　　5.3.1 项目任务详解 …………………………………………………………………… (177)
　　5.3.2 快速创建原理图 ………………………………………………………………… (179)
　　5.3.3 原理图绘制环境设置 …………………………………………………………… (183)
　　5.3.4 加载元件库 ……………………………………………………………………… (188)
　　5.3.5 放置元件 ………………………………………………………………………… (191)
　　5.3.6 元件连线 ………………………………………………………………………… (194)

5.4　图纸项目编译与检查 ·· (197)
　　5.5　绘制电路原理图技能训练 ··· (202)

项目六　Altium Designer 印制电路板设计 ································ (205)
　　6.1　项目设计内容描述 ··· (205)
　　6.2　项目相关理论知识 ··· (206)
　　　　6.2.1　印制电路板设计基础 ······································ (206)
　　　　6.2.2　创建 PCB 文件及图纸参数设置 ·························· (209)
　　6.3　规划电路板及导入元件封装 ····································· (214)
　　　　6.3.1　板层结构与板层颜色设置 ································· (214)
　　　　6.3.2　规划电路板 ··· (217)
　　　　6.3.3　导入元件封装 ·· (222)
　　6.4　PCB 布局与布线 ··· (228)
　　　　6.4.1　PCB 布局 ·· (228)
　　　　6.4.2　PCB 布线 ·· (233)
　　　　6.4.3　PCB 敷铜及补泪滴 ··· (241)
　　6.5　印制电路板综合项目技能训练 ··································· (246)
　　6.6　国产 PCB 设计软件——立创 EDA 简介 ······················· (249)

参考文献 ·· (251)

项目一

三人表决器的设计

🎯 项目目标

1. 了解 EDA 技术内涵。
2. 了解可编程逻辑器件的发展概况及其结构特点。
3. 熟悉 Quartus Ⅱ 软件的使用。

三人表决器

🎯 项目任务

能使用 Quartus Ⅱ 软件的原理图输入方式进行简单逻辑电路设计。

🎯 职业能力

根据任务要求，查找相关资料，培养自主学习意识。

🎯 职业素养

把时间放在哪里，收获就在哪里。

1.1　项目设计内容描述

所谓表决器就是对于一个行为，由多个人投票，如果同意的票数过半，就认为此行为可行，否则如果否决的票数过半，则认为此行为无效。三人表决器顾名思义就是由三个人来投票，当同意的票数大于或者等于 2 时，则认为同意；当否决的票数大于或者等于 2 时，则认为不同意。

三人表决器是数字电路设计中比较常见的组合逻辑电路，我们设计的电路中用三个拨动开关来表示三个人，当对应的拨动开关输入为高电平"1"时，表示此人投的是同意票，若拨动开关输入为低电平"0"时，则表示此人投的是反对票。表决的结果用一个发光二极管的亮灭来表示，如果对某个决议有任意 2~3 人同意，则发光二极管点亮，表示此决议通过表决；如果对某个决议只有一人同意或无人同意，则发光二极管熄灭，此决议未通过表决。实现三人表决器电路的方法有很多,我们通过可编程逻辑器件来设计该项目。

1.2 项目相关理论知识

1.2.1 EDA 技术简介

EDA 是电子设计自动化（Electronic Design Automation）的缩写,是以计算机为工作平台,融合了应用电子技术、计算机技术、智能化技术最新成果而研制成的电子 CAD 通用软件包。EDA 技术涉及面广、内容丰富,一般地,利用 EDA 技术进行电子系统设计的最后目标,是完成专用集成电路（ASIC）或印制电路板（PCB）的设计和实现,从教学和实用的角度看,主要掌握以下四个方面的内容：① 大规模可编程逻辑器件；② 硬件描述语言；③ 软件开发工具；④ 实验开发系统。其中,大规模可编程逻辑器件是利用 EDA 技术进行电子系统设计的载体,硬件描述语言是利用 EDA 技术进行电子系统设计的主要表达手段,软件开发工具是利用 EDA 技术进行电子系统的智能化设计和印制电路板设计的自动化设计工具,实验开发系统则是利用 EDA 技术进行电子系统设计的下载工具及硬件验证工具。

EDA 代表了当今电子电路设计技术的最新发展方向,它的基本特征是：以可编程逻辑器件为设计载体,设计人员按照"自顶向下"的设计方法,对整个系统进行方案设计和功能划分,以原理图或硬件描述语言为系统逻辑输入方式,在专门的 EDA 软件开发平台上,完成数字系统的逻辑编译、综合优化、布局布线和仿真编程下载等工作,最终形成集成电子系统或专用集成芯片的一门新技术,这样的设计方法被称为高层次的电子设计方法,EDA 技术打破了软硬件之间的设计界限,使硬件系统软件化,这已成为现代电子设计技术的发展趋势。

EDA 技术是电子设计领域的一场革命,目前正处于高速发展阶段,每年都有新的 EDA 工具问世,我国 EDA 技术的应用水平目前还落后于发达国家,因此,广大电子工程技术人员应该尽早掌握这一先进技术,这不仅是提高设计效率的需要,更是我国电子工业在世界市场上生存、竞争与发展的需要。

1.2.2 可编程逻辑器件

可编程逻辑器件（PLD,Programmable Logic Device）是 20 世纪 70 年代发展起来的一种新型集成器件。它可由用户根据自己要求来构造逻辑功能的数字集成电路,用户利用计算机辅助设计,即用原理图或硬件描述语言等方法来表示设计思想,经过编译和仿真,生成相应的目标文件,再将设计文件下载配置到目标器件中,可编程逻辑器件（PLD）变成能满足用户要求的专用集成电路,同时还可以利用 PLD 的可重复编程能力,随时修改器件的逻辑,通过软件来实现电路的逻辑功能,而无须改变硬件电路。与中小规模通用型集成电路相比,用 PLD 实现数字系统,有集成度高、保密性好、速度快、功耗小、可靠性高等优点,与大规模专用集成电路相比,用 PLD 实现数字系统,具有研制周期短、先期投资少、无风险、修改逻辑设计方便的优势。PLD 的这些优点使 PLD 技术在 20 世纪 90 年代得到了飞速发展，已成为电子设计领域中最具活力和发展前途的一项技术。

1. 可编程逻辑器件的发展历程

可编程逻辑器件的发展过程大致如下：

（1）20 世纪 70 年代，熔丝编程的 PROM 和 PLA 器件是最早的可编程逻辑器件。

（2）20 世纪 70 年代末，对 PLA 进行了改进，AMD 公司推出 PAL 器件。

（3）20 世纪 80 年代初，Lattice 公司发明电可擦写的、比 PAL 使用更灵活的 GAL 器件。

（4）20 世纪 80 年代中期，Xilinx 公司提出现场可编程概念，同时生产出了世界上第一片 FPGA。

（5）20 世纪 80 年代末，Lattice 公司又推出在系统可编程技术，并且推出了一系列具备在系统可编程能力的 CPLD 器件。

（6）进入 20 世纪 90 年代后，可编程逻辑集成电路技术进入飞速发展时期。器件的可用逻辑门数快速增加，并出现了内嵌复杂功能模块（如加法器、乘法器、RAM、CPU 核、DSP 核、PLL 等）的 SoPC（System on Programmable Chip）。

2. 可编程逻辑器件的分类

可编程逻辑器件的分类没有一个统一的标准。目前市场占有率较高的生产 PLD 的厂家主要有 Altera、Lattice、Xilinx、Actel 等公司。按其结构的复杂程度及性能的不同，可编程逻辑器件一般可分为四种：SPLD、CPLD 及 FPGA。

1）简单可编程逻辑器件（SPLD）

简单可编程逻辑器件（SPLD，Simple Programmable Logic Device）是可编程逻辑器件的早期产品。最早出现在 20 世纪 70 年代，主要是可编程只读存储器（PROM）、可编程逻辑阵列（PLA）、可编程阵列逻辑（PAL）及通用阵列逻辑（GAL）器件等。这些器件目前使用不多，这里不再介绍，如需深入了解，读者可查阅相关资料。

2）复杂可编程逻辑器件（CPLD）

复杂可编程逻辑器件（CPLD，Complex Programmable Logic Device）出现在 20 世纪 80 年代末期。其结构上不同于早期 SPLD 的逻辑门编程，而是采用基于乘积项技术和 EEPROM（或 Flash）工艺的逻辑块编程，不但能实现各种时序逻辑控制，更适合做复杂的组合逻辑电路，如 Altera 公司的 MAX 系列、Lattice 公司的大部分产品、Xilinx 公司的 XC9500 系列等。

3）现场可编程门阵列（FPGA）

现场可编程门阵列（FPGA，Field Programmable Gate Array）是由美国 Xilinx 公司率先开发的一种通用型用户可编程器件。FPGA 与 SPLD 和 CPLD 的结构完全不同，它不包括与门和或门，目前应用最多的 FPGA 是采用基于查找表技术和 SRAM 工艺的逻辑块编程来实现所需的逻辑功能的。同 CPLD 相比，它的逻辑块的密度更高、触发器更多、设计更灵活，多用于大规模电路的设计，尤其更适合做复杂的时序逻辑。但由于 FPGA 采用的是 SRAM 工艺，掉电后数据会丢失，因此实际应用时还须外挂一个 EEPROM 或 Flash Memory 来存储编程数据。典型器件如 Altera 公司的所有 FLEX、ACEX、APEX、Cyclone、Stratix 系列，Xilinx 的 Spartan、Virtex 系列等。

FPGA 和 CPLD 的主要区别是：FPGA 是高速度、高密度的可编程逻辑器件，它采用

SRAM 进行功能配置，编程速度快并可重复编程，但系统掉电后，SRAM 中的数据会丢失。因此，需在 FPGA 外加 EPROM，将配置数据写入其中，系统每次上电自动将数据引入 SRAM 中。FPGA 器件含有丰富的触发器资源，易于实现时序逻辑，如果要求实现较复杂的组合电路则需要几个 CLB 结合起来实现，因此它更适合于实现大规模的时序逻辑功能。CPLD 器件一般采用 EEPROM 存储技术，也可重复编程但速度较慢，系统掉电后，EEPROM 中的数据不会丢失，无须外加配置芯片，适于数据的保密。CPLD 的与或阵列结构，使其适于实现大规模的组合功能，但触发器资源相对较少。

3. 可编程逻辑器件的设计流程

可编程逻辑器件的设计是指利用开发软件和编程工具对器件进行开发的过程。它包括设计准备、设计输入、设计处理和器件编程四个步骤以及相应的功能仿真、时序仿真和器件测试三个设计验证过程。可编程逻辑器件的设计流程如图 1-1 所示。

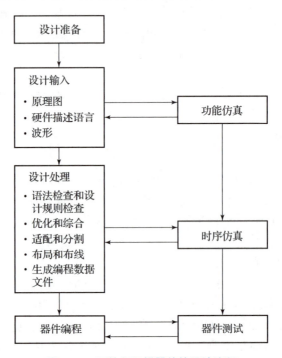

图 1-1 可编程逻辑器件的设计流程

1）设计准备

在对可编程逻辑器件的芯片进行设计之前，设计者要根据任务的要求，进行功能描述及逻辑划分，按所设计任务的形式划分为若干模块，并画出功能框图，确定输入和输出管脚。再根据系统所要完成功能的复杂程度，对工作速度和器件本身的资源、连线的可布通性等方面进行权衡，选择合适的设计方案。

在前面已经介绍过，数字系统的设计方法通常采用从顶向下的设计方法，这也是基于芯片的系统设计的主要方法。由于高层次的设计与器件及工艺无关，而且在芯片设计前就可以用软件仿真手段验证系统可行性，因此它有利于在早期发现结构设计中的错误，避免不必要的重复设计，提高设计的一次成功率。自顶向下的设计采用功能分割的方法从顶向下逐次进行划分，这种层次化设计的另一个优点是支持模块化，从而可以提高设计效率。

2）设计输入

设计者将所设计的系统或电路以开发软件要求的某种形式表现出来，送入计算机的过程称为设计输入。设计输入通常有以下几种方式：

(1) 原理图输入方式。

这是一种最直接的输入方式，它使用软件系统提供的元器件库及各种符号和连线画出原理图，形成原理图输入文件。这种方式大多用在对系统及各部分电路很熟悉的情况，或在系统对时间特性要求较高的场合。当系统功能较复杂时，输入方式效率低。它的主要优点是容易实现仿真，便于信号的观察和电路的调整。

(2) 硬件描述语言输入方式。

硬件描述语言用文本方式描述设计，它分为普通硬件描述语言和行为描述语言。普通硬件描述语言有 ABEL – HDL、CUPL 等，它们支持逻辑方程、真值表、状态机等逻辑表达方式，目前在逻辑电路设计中已较少使用。

行为描述是目前常用的高层次硬件描述语言，有 VHDL 语言和 Verilog – HDL 语言，它们都已成为 IEEE 标准，并且有许多突出的优点：如工艺的无关性，可以在系统设计、逻辑验证阶段便可确立方案的可行性；如语言的公开可利用性，使它们便于实现大规模系统的设计等，同时硬件描述语言具有较强的逻辑描述和仿真功能，而且输入效率高，在不同的设计输入库之间转换非常方便。因此，运用 VHDL、Verilog – HDL 硬件描述语言进行可编程逻辑器件设计已是当前的趋势。

(3) 原理图和硬件描述语言混合输入方式。

原理图和硬件描述语言混合输入方式是一种层次化的设计输入方法。在层次化设计输入中，硬件描述语言常用于底层的逻辑电路设计，原理图常用于顶层的电路设计。这是在设计较复杂的逻辑电路时的一种常用的描述方式。

(4) 波形输入方式。

波形输入主要用于建立和编程波形设计文件及输入仿真向量和功能测试向量。波形设计输入适合于时序逻辑和有重复性的逻辑函数。系统软件可以根据用户的输入/输出波形自动生成逻辑关系。

波形编辑功能还允许设计者对波形进行拷贝、剪切、粘贴、重复与伸展，从而可以用内部节点、触发器和状态机建立设计文件，并将波形进行组合，显示各种进制的状态值，还可以通过将一组波形重叠到另一组波形上，对两组仿真结果进行比较。由于过于烦琐，在逻辑电路设计中较少使用。

3）设计处理

这是器件设计中的核心环节。在设计处理时，编译软件将对设计输入文件进行逻辑化简、综合和优化，并适当地用一片或多片器件自动进行适配，最后产生编程用的编程文件。

(1) 语法检查和设计规则检查。

设计输入完成之后，在编译过程首先进行语法检验，如检查原理图有无漏连信号线，信号有无双重来源，文本输入文件中的关键字有无输错等各种语法错误，并及时列出错误信息报告，供设计者修改；然后进行设计规则检验，检查总的设计有无超出器件资源或规定的限制并将编译报告列出，指明违反规则情况供设计者纠正。

（2）逻辑优化和综合。

化简所有的逻辑方程和用户自建的宏，使设计所占用的资源最少。综合的目的是将多个模块设计文件合并为一个网表文件，并使层次设计平面化（即展平）。

（3）适配和分割。

确定优化以后的逻辑能否与器件中的宏单元和 I/O 单元适配，然后将设计分割为多个适配的逻辑小块形式影射到器件相应的宏单元中。如果不能装入一片器件时，可以将整个设计自动分割成多块并装入同一系列的多片器件中去。

（4）布局和布线。

布局和布线工作是在设计检验通过以后由软件自动完成的，它能以最优的方式对逻辑元件布局，并准确地实现元件间的互连。

布线以后软件会自动生成布线报告，提供有关设计中各部分资源的使用情况等信息。

（5）生成编程数据文件。

设计处理的最后一步是产生可供器件编程使用的数据文件。把综合器产生的网表文件配置于指定的目标器件中，使之产生最终的下载文件，如 JIC、JAM、POF、SOF 等格式的文件。

4）设计校验

设计校验过程包括功能仿真和时序仿真，这两项工作是在设计处理过程中同时进行的。

功能仿真又称为前仿真，此时的仿真没有延时信息，对于初步的功能检测非常方便。仿真前，要先利用波形编辑器或硬件描述语言等建立波形文件或测试向量（即将所关心的输入信号组合成序列），仿真结果将会生成报告文件和输出信号波形，从中便可以观察到各个节点的信号变化。若发现错误，则返回设计输入中修改逻辑设计。

时序仿真又称后仿真或延时仿真。由于不同器件的内部延时不一样，不同的布局、布线方案也给延时造成不同的影响，对系统和各模块分析其时序关系，估计设计的性能以及消除竞争冒险是必要的，这是和器件实际工作情况基本相同的仿真。

5）器件编程及测试

器件编程及测试是指将编程数据下载到可编程逻辑器件中去，并进行电路设计功能验证。对 CPLD 器件来说是将 JED 文件"下载（Down Load）"到 CPLD 器件中去，对 FPGA 来说是将位流数据 BG 文件"配置"到 FPGA 中去。

器件编程需要满足一定的条件，如编程电压、编程时序和编程算法等。较早的 CPLD 器件和一次性编程的 FPGA 需要专用的编程器完成器件的编程工作。采用在系统可编程技术的器件则不需要专用的编程器，只要一根下载编程电缆就可以了。基于 SRAM 的 FPGA 还要由 EPROM、Flash Memory 或其他专配置芯片进行配置。

综上所述，对于利用 FPGA/CPLD 实现的逻辑电路系统，设计人员必须具备三种基本知识：一是要了解 FPGA/CPLD 器件的结构和性能，二是熟悉 FPGA/CPLD 器件常用的开发工具软件，三是要熟练掌握利用 FPGA/CPLD 器件设计电子系统的描述方法。

1.2.3 Quartus Ⅱ软件应用

可编程逻辑器件的设计需要 EDA 开发软件来实现,常用的 EDA 开发软件分为两大类:一类是由芯片制造商提供,如 Altera 公司(2015 年被 Intel 收购)开发的 Maxplus Ⅱ 和 Quartus Ⅱ 软件、Xilinx 公司开发的 Foundation 软件等,另一类是由专业 EDA 软件商提供,称为第三方设计软件,如 Cadence、Synopsys、Mentor Graphics(2016 年被 Siemens 收购)等,它们往往能开发多家公司的器件。本教材介绍 Altera 公司的 Quartus Ⅱ 软件的使用。

1. Quartus Ⅱ 软件简介

Quartus Ⅱ 是 Altera 公司的综合性 PLD 开发软件,支持原理图、VHDL、VerilogHDL 以及 AHDL(Altera Hardware Description Language)等多种设计输入形式,内嵌自有的综合器以及仿真器,可以完成从设计输入到硬件配置的完整 PLD 设计流程。其图标如图 1-2 所示。

图 1-2　Quartus Ⅱ 图标

Quartus Ⅱ 提供了完善的用户图形界面设计方式,具有运行速度快、界面统一、功能集中、易学易用等特点。它支持 Altera 的 IP 核,包含了 LPM/MegaFunction 宏功能模块库,使用户可以充分利用成熟的模块,简化了设计的复杂性、加快了设计速度。对第三方 EDA 工具的良好支持也使用户可以在设计流程的各个阶段使用熟悉的第三方 EDA 工具。

此外,Quartus Ⅱ 通过和 DSP Builder 工具与 Matlab/Simulink 相结合,可以方便地实现各种 DSP 应用系统;支持 Altera 的片上可编程系统(SOPC)开发,集系统级设计、嵌入式软件开发、可编程逻辑设计于一体,是一种综合性的开发平台。

Maxplus Ⅱ 作为 Altera 的上一代 PLD 设计软件,由于其出色的易用性而得到了广泛的应用。目前 Altera 已经停止了对 Maxplus Ⅱ 的更新支持,Quartus Ⅱ 与之相比不仅仅是支持器件类型的丰富和图形界面的改变。Altera 在 Quartus Ⅱ 中包含了许多诸如 SignalTap Ⅱ、Chip Editor 和 RTL Viewer 的设计辅助工具,集成了 SOPC 和 HardCopy 设计流程,并且继承了 Maxplus Ⅱ 友好的图形界面及简便的使用方法。

Quartus Ⅱ 作为一种可编程逻辑器件的集成开发环境,由于其强大的设计能力和直观易用的接口,越来越受到数字系统设计者的欢迎。

2. Quartus Ⅱ 软件的安装

(1) 把 Quartus Ⅱ 13.1 安装软件按安装步骤安装完成之后,在软件中指定 Altera 公司的授权文件(License.dat),才能正常使用。

(2) 授权文件可以在 Altera 的网页上 http://www.altera.com 申请或者购买获得。

(3) 安装相应的硬件驱动程序。驱动安装后才能将设计结果通过计算机的通信接口编程下载到目标芯片中。

3. Quartus Ⅱ软件的用户界面

启动 Quartus Ⅱ 软件后默认的界面主要由标题栏、菜单栏、工具栏、资源管理窗口、编译状态显示窗口、信息显示窗口和工程工作区等部分组成，如图 1－3 所示。

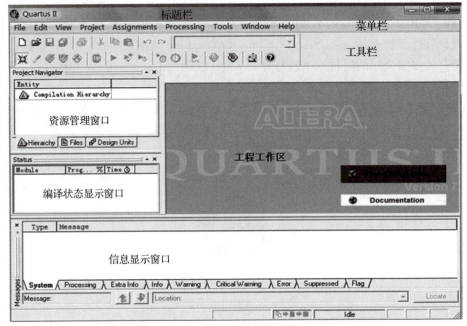

图 1－3　Quartus Ⅱ 软件的用户界面

标题栏：显示当前工程的路径和工程名。

菜单栏：主要由文件（File）、编辑（Edit）、视图（View）、工程（Project）、资源分配（Assignments）、操作（Processing）、工具（Tools）、窗口（Window）和帮助（Help）等下拉菜单组成。

工具栏：包含了常用命令的快捷图标。

资源管理窗口：用于显示当前工程中所有相关的资源文件。

工程工作区：当 Quartus Ⅱ 实现不同的功能时，此区域将打开对应的操作窗口，显示不同的内容，进行不同的操作，如器件设置、定时约束设置、编译报告等均显示在此窗口中。

编译状态显示窗口：此窗口主要显示模块综合、布局布线过程及时间。

信息显示窗口：该窗口主要显示模块综合、布局布线过程中的信息，如编译中出现的警告、错误等，同时给出警告和错误的具体原因。

4. Quartus Ⅱ 的开发流程

按照一般可编程逻辑器件设计的步骤，利用 Quartus Ⅱ 软件进行开发可以分为四个步骤：

（1）输入设计文件；

（2）编译设计文件；

（3）仿真设计文件；

（4）编程下载设计文件。

1.3 三人表决器原理图设计

1.3.1 项目分析

三人表决器是常用的组合逻辑电路，是数字电路中常用的基本单元模块，本项目利用基本门电路进行设计，用 Quartus Ⅱ 原理图输入法进行电路设计输入。以 FPGA 为核心器件，使用拨码开关作为输入电平，LED 作为输出指示，在 EDA 开发板上实现该电路的功能。

1.3.2 项目设计

三人表决器属于组合逻辑电路，其真值表如表 1-1 所示。

表 1-1 三人表决器真值表

数据输入			数据输出
a	b	c	y
0	0	0	0
0	0	1	0
0	1	0	0
0	1	1	1
1	0	0	0
1	0	1	1
1	1	0	1
1	1	1	1

根据真值表写出三人表决器的逻辑表达式并化简：

$$y = \bar{a}bc + a\bar{b}c + ab\bar{c} + abc = ab + ac + bc$$

根据最简表达式画出电路图，如图 1-4 所示。

根据电路图可以通过与门和或门这些基本门电路来实现三人表决器的设计。传统的数字电路实现方法是根据电路图，利用 74 系列集成芯片来实现，这种方法需要多块集成芯片，连线复杂、容易出错，而可编程逻辑器件集成度高，内部有丰富的门电路资源，可以轻松实现单芯片方案，并且不需考虑布线，可以随时修改，设计者可以将更多精力集中到设计中。

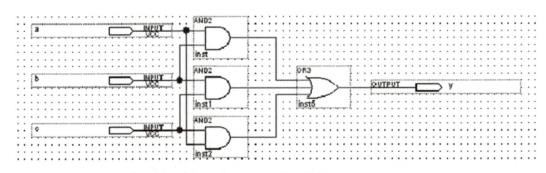

图 1-4　三人表决器电路图

1.3.3　项目实施

应用数字逻辑电路的基本知识，使用 Quartus Ⅱ 原理图输入法可非常方便地进行数字系统的设计。应用 Quartus Ⅱ 原理图输入法，还可以把原有的使用中、小规模的通用数字集成电路设计的数字系统移植到 FPGA 或 CPLD 中。

下面是用 Quartus Ⅱ 原理图输入法来设计三人表决器电路的流程。

1. 建立工程文件夹

1）新建一个文件夹

首先在计算机中建立一个文件夹作为工程项目目录，此工程项目目录不能是根目录，不能包含中文字符。例如建立 D:\EDA_code\project1\BiaoJueQi。

2）建立工程项目

运行 Quartus Ⅱ 软件，执行 File => New Project Wizard 命令，建立工程项目，如图 1-5 所示。

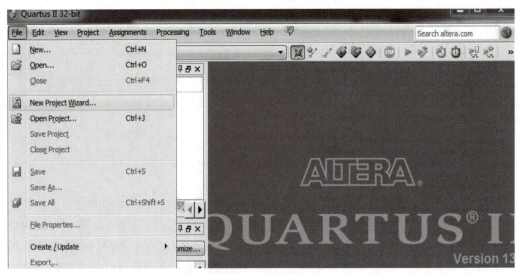

图 1-5　执行 New Project Wizard 命令

在图1-6所示界面中单击"Next"按钮。

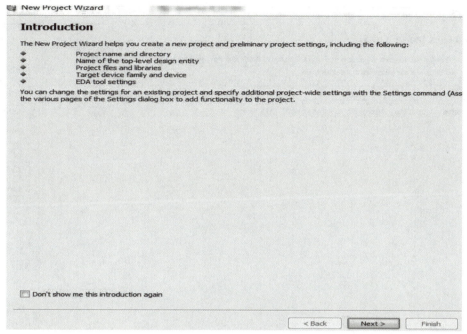

图1-6 New Project Wizard 对话框

在弹出的"工程项目基本设置"对话框中，填写 Directory、Name、Top-Level Entity 等内容，如图1-7所示。其中第一、第二、第三个文本框分别是工程项目目录、项目名称和项目顶层设计实体的名称，一般情况下工程文件名称与实体名称相同，这里不做修改，使用者也可以根据自己的实际情况来设定，需要注意的是文件夹及文件名中都不能出现中文字符。

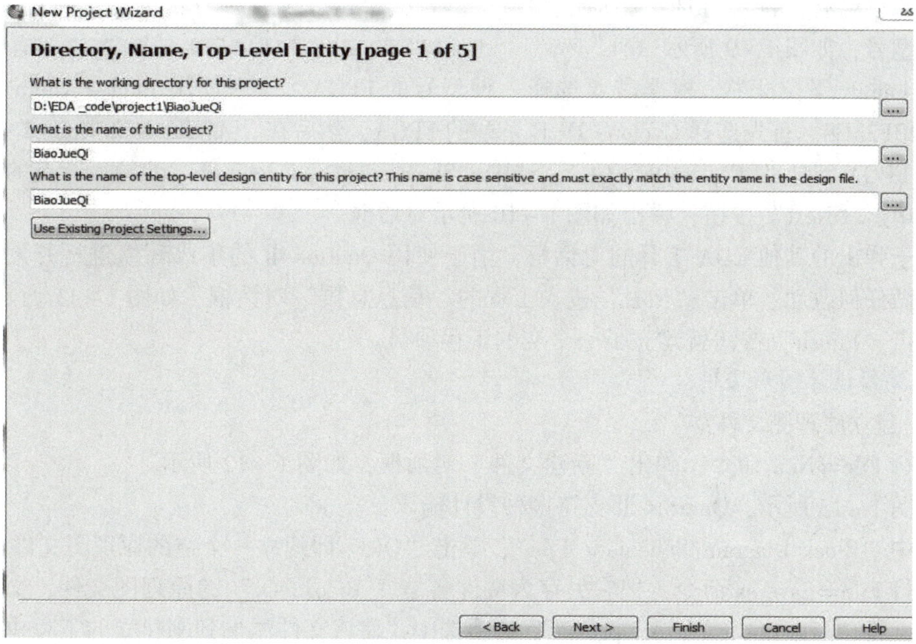

图1-7 "工程项目基本设置"对话框

单击"Next"按钮,弹出"添加工程文件"对话框,如图1-8所示。

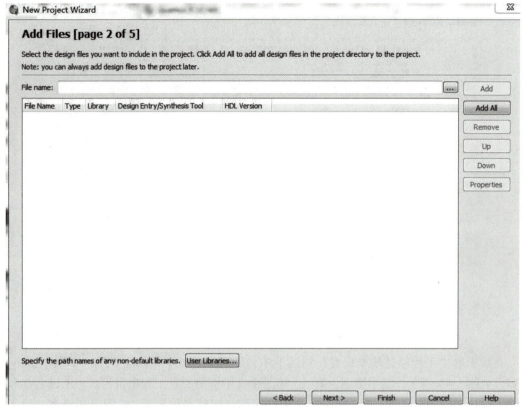

图1-8 "添加工程文件"对话框

若原来已有文件,可选择相应文件,这里直接单击"Next"进行下一步,选择FPGA器件的型号,如图1-9所示。

在Family下拉框中,根据需要选择一种型号的FPGA,这里使用Intel-Altera公司的EP4CE40F23C8。首先选择Cyclone IV E系列的FPGA,然后在"Available devices:"中根据需要的FPGA型号"EP4CE40F23C8",选中"Show advanced devices"以显示所有的器件型号。再单击"Next"按钮,弹出如图1-10所示对话框。

对于弹出的其他EDA工具的对话框,由于使用Quartus Ⅱ的集成环境进行开发,因此不需要做任何改动。单击"Next"进入工程的"信息总概"对话框,如图1-11所示。

单击"Finish"按钮就建立了一个空的工程项目。

2. 编辑设计图形文件

1) 建立原理图文件

执行File⇒New命令,弹出"新建文件"对话框,如图1-12所示。

如图1-13所示,Quartus Ⅱ支持多种设计输入:

选中"Block Diagram/Schematic File",单击"OK"即建立一个空的原理图文件。

执行File⇒Save as命令,把它另存为文件名是"BiaoJueQi"的原理图文件,文件后缀为.bdf。将"Add file to current project"选项选中,使该文件添加到刚建立的工程中去,如图1-14所示。

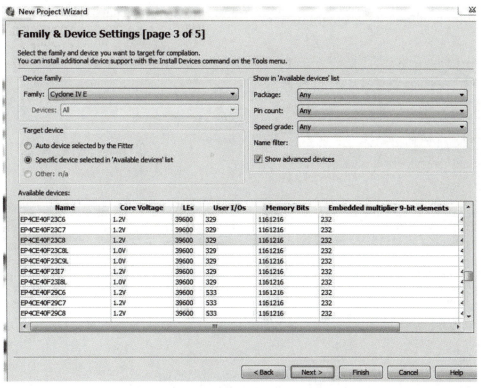

图 1-9　选择 FPGA 器件的型号

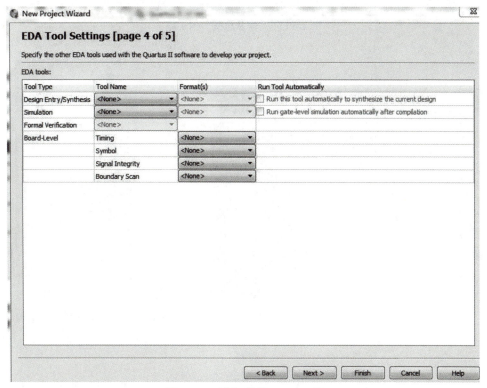

图 1-10　选择其他 EDA 工具

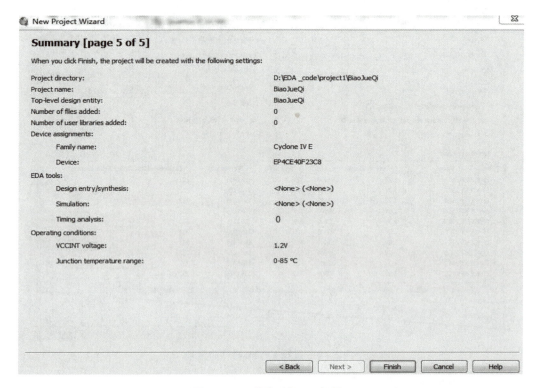

图 1-11 "信息总概"对话框

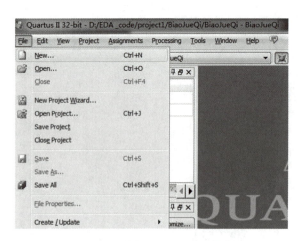

图 1-12 执行 File => New 命令

图 1-13 "新建文件"对话框

图1-14 将文件添加到工程中

2）编辑输入原理图文件

图形编辑界面如图1-15所示，其右侧的空白处就是原理图的编辑区，在这个编辑区输入如图1-16所示的BiaoJueQi原理图。

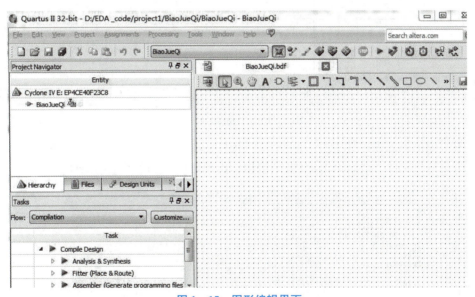

图1-15 图形编辑界面

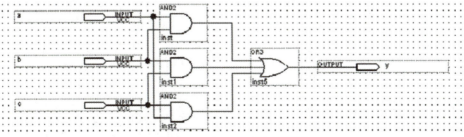

图1-16 BiaoJueQi原理图

（1）元件的选择与放置。

在原理图编辑区的一个位置双击鼠标左键，弹出"Symbol"对话框，或单击鼠标右键，在弹出的选择对话框中选择 Insert⇒Symbol…，也会弹出"Symbol"对话框。不要选中 Symbol 对话框中 Repeat – insert mode（重复–插入模式）和 Insert symbol as block（作为流程图模块插入符号）复选框，即采用默认的一次性插入作为原理图元件的符号。用单击的方法展开 Libraries 栏中的元件库，如图 1 – 17 所示，其中 primitives 为基本元件库，打开 logic 子库，里面是常用的与门、或门和非门等门电路。

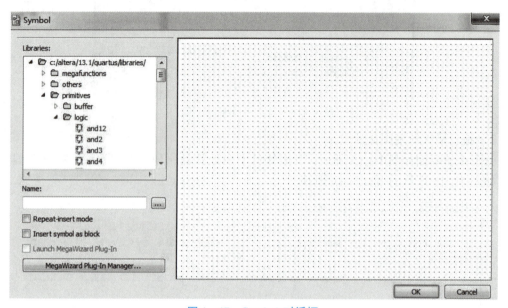

图 1 – 17　Symbol 对话框

在图 1 – 18 中，选择其中的二输入与门元件 and2，也可以在 Name 中直接输入 and2，调出二输入与门元件，然后单击"OK"按钮，出现如图 1 – 19 所示的图样。

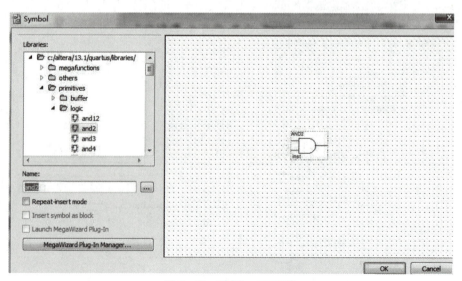

图 1 – 18　选择 and2 元件

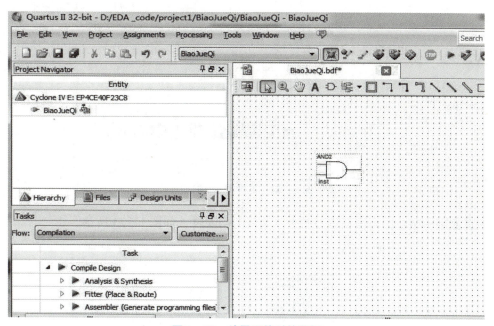

图 1-19 放置元件时的鼠标

将该图样移到编辑区合适的地方单击鼠标左键,就可放置一个二输入与门元件,如图 1-20 所示。

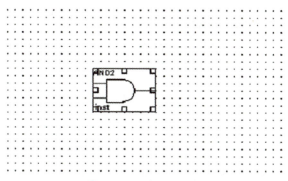

图 1-20 放置元件后

右击与门元件符号,在出现的菜单中选择 Copy 命令,如图 1-21 所示。

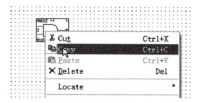

图 1-21 复制元件符号

将鼠标移到编辑区合适的地方单击鼠标右键,在弹出的菜单中选择 Paste 命令,如图 1-22 所示。

17

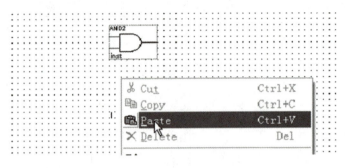

图 1-22　选择 Paste 命令

通过复制-粘贴的方法获得另两个二输入与门元件，如图 1-23 所示。

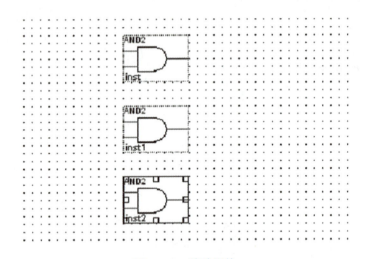

图 1-23　粘贴元件

用相似的方法选择放置一个三输入或门元件符号 OR3，如图 1-24 所示。

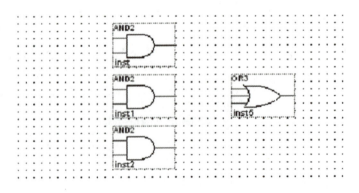

图 1-24　放置 OR3 元件

再打开 primitives 基本元件库的 pin 子库，选择、放置 input 元件，如图 1-25 所示。

图 1-25 选择、放置 input 元件

选择、放置好三个输入管脚 input 元件和一个输出管脚 output 元件到编辑区，如图 1-26 所示。

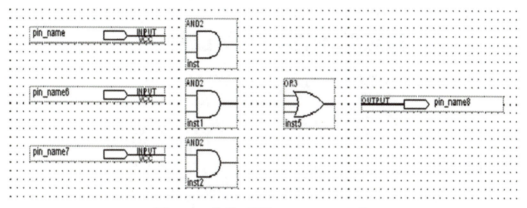

图 1-26 选择、放置 input、output 元件

（2）连接各个元件符号。

把鼠标移到一个 input 元件连接处，将会出现图 1-27 所示的图样。

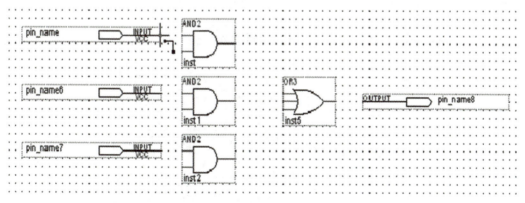

图 1-27 连接元件时的鼠标

单击鼠标左键，移到要与之相连的与门元件的连接处，松开鼠标即可连接这两个要连接的元件，如图 1-28 所示。

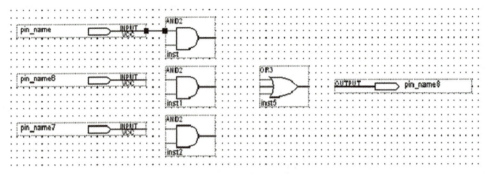

图 1-28 连接元件

用同样的方法可按要求连接其他元件。

(3) 设定各输入/输出管脚名。

将鼠标移到一个 input 元件上，单击右键选择 Properties，弹出如图 1-29 所示"管脚属性编辑"对话框。在 Pin name 文本框中填入管脚名 a。

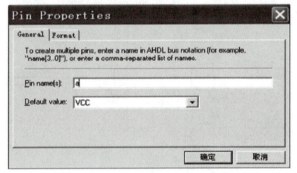

图 1-29 "管脚属性编辑"对话框

用相似的方法设定其他管脚名，最后完成图 1-16 所示的 BiaoJueQi 电路图。在 Quartus Ⅱ 原理图输入中，除了使用元件符号输入外，还可以使用模块符号，对于初学者可先掌握原理图元件符号的使用，后面在学习层次化设计时再探讨模块符号的使用，这里对模块符号的输入先不做介绍。

在原理图输入编辑界面中的左边，有供编辑输入时使用的工具箱，各个工具的功能如图 1-30 所示。

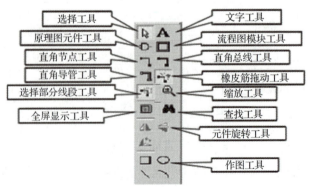

图 1-30 原理图输入编辑界面的工具箱

3. 编译设计图形文件

完成原理图编辑输入后，保存设计图形文件就可编译设计图形文件。执行 Processing => Start Compilation 进行编译，如图 1 – 31 所示。

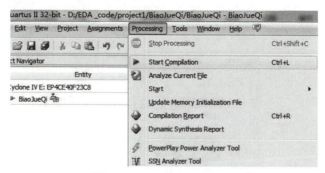

图 1 – 31　Start Compilation

编译结束后，会出现如图 1 – 32 所示的"编译报告"对话框，对话框会显示编译的错误和警告的情况。若有错误，则可先双击编译器界面下方出现的第一个错误提示，使第一个错误处改变颜色。检查纠正第一个错误后保存再编译，如果还有错误，重复以上操作，直至最后全部通过。通过后应没有错误提示但可有警告提示，警告信息可以阅读一下，多数不需要修改。编译成功后可以通过查看编译报告了解有关情况。

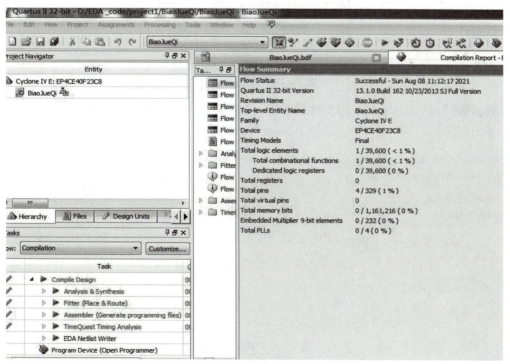

图 1 – 32　"编译报告"对话框

以上是直接使用 Quartus Ⅱ 编译器默认设置进行的编译，还可以先根据编译需要选择设置，然后再编译。

4. 时序仿真设计分析

1) 新建用于仿真的波形文件

仿真前需建立波形文件，单击"File"→"New"选项，打开文件选择窗口，展开"Verification/Debugging Files"选项卡，选择其中的"University Program VWF"选项，如图 1-33 所示，然后单击"OK"确定。

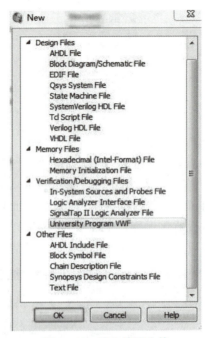

图 1-33　建立波形文件

弹出如图 1-34 所示的波形文件编辑器，在波形文件编辑器中鼠标所在处单击鼠标右键，弹出如图 1-35 所示菜单，选择"Insert Node or Bus…"命令。

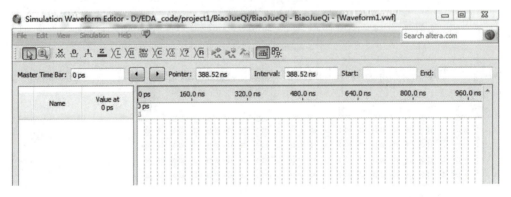

图 1-34　波形编辑器

弹出如图 1-36 所示对话框，单击"Node Finder…"按键。

弹出如图 1-37 所示对话框，单击"List"按键。

选择需要的输入/输出引脚，如图 1-38 所示。

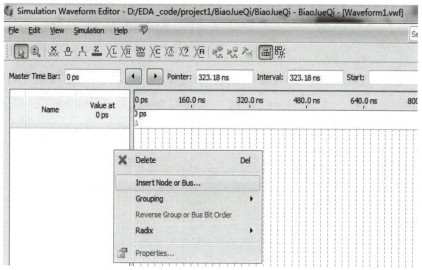

图1-35 选择"Insert Node or Bus…"命令

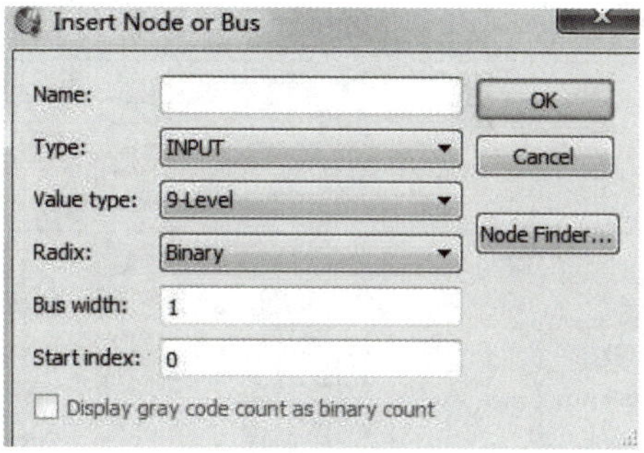

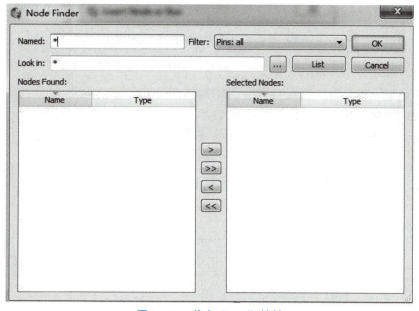

图1-36 单击"Node Finder…"按键

图1-37 单击"List"按键

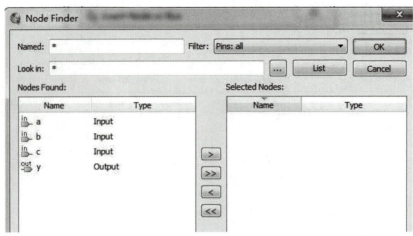

图1-38 选择需要的输入/输出引脚

如图1-39所示,单击选中按键,选中需要的输入/输出引脚。

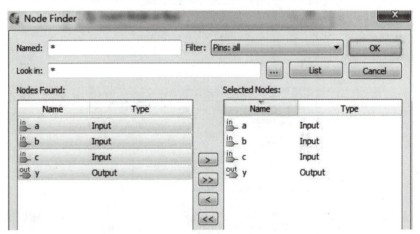

图1-39 选中需要的输入/输出引脚

然后,单击两次"确定"按钮,弹出如图1-40所示波形编辑界面。

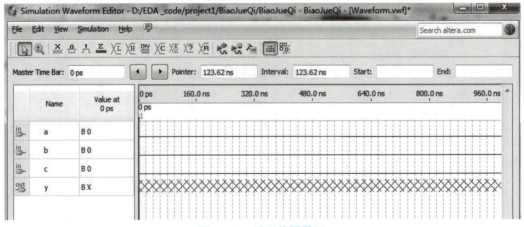

图1-40 波形编辑界面

2）设置仿真时间

单击"Edit"→"Set End Time"选项，设置仿真时间，如图 1-41 所示。

执行"Edit"→"Grid Size"命令，设置仿真栅格周期，如图 1-42 所示，设定为 100 ns。

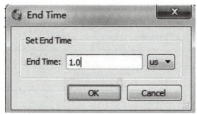

图 1-41　设置仿真时间

图 1-42　设置仿真栅格周期

3）设置输入信号波形

单击工具箱中缩放工具按钮，将鼠标移到编辑区内，单击鼠标左键，调整波形区横向比例，然后在要设置波形的区域上按下鼠标左键并拖动鼠标，选择要设置的区域，如图 1-43 所示。

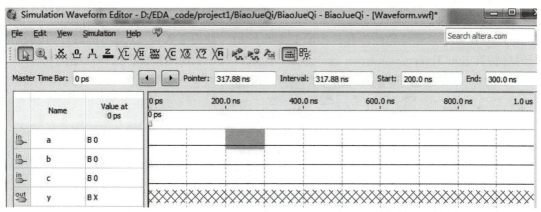

图 1-43　选择要设置的区域

单击工具箱中高电平设置按钮，将该区域设置为高电平，如图 1-44 所示。

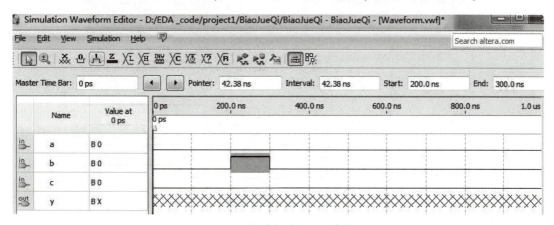

图 1-44　将该区域设置为高电平

用相似的方法设置其他区域的波形，注意图1-45所示波形与表1-1三人表决器真值表的输入变量相对应。

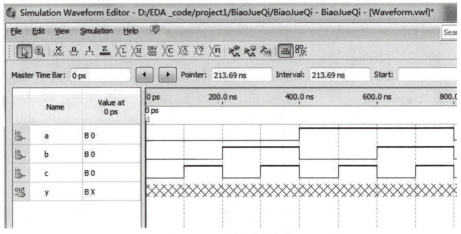

图1-45 设置后的波形

4）进行功能仿真

设置输入信号后，保存文件，文件名与原理图名一致。执行Simulation => Run Functional Simulation命令，进行功能仿真，如图1-46所示。如需了解输入/输出的时序可选择进行时序仿真 Run Timing Simulation 命令，如只想进行设计功能的验证，选择功能仿真即可。

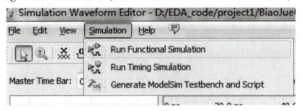

图1-46 功能仿真

仿真结果如图1-47所示。

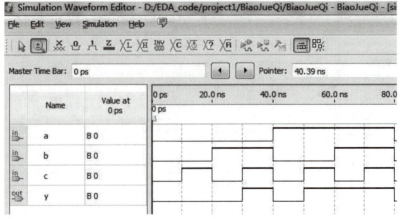

图1-47 仿真结果

认真核对输入/输出波形，可检查设计的功能正确与否。

1.3.4　Quartus Ⅱ器件编程

可以使用 Quartus Ⅱ 软件的编程器把设计文件下载到可编程逻辑器件中，进一步验证和实现电路功能。

1. 器件设置和引脚的锁定

如果编程前没有进行器件的选择和引脚的锁定或需要重新进行器件的选择和引脚的锁定，可按照下列步骤进行。

1）器件设置

如果编程前没有进行器件的选择或需要修改已选器件，可选择菜单 Assignments => Device 命令，在弹出的如图 1-48 所示对话框中选择所需要的器件。

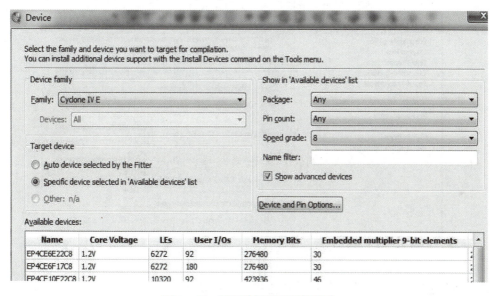

图 1-48　配置选择所需要的器件

2）选择配置器件的工作方式（使用默认选择可不更改）

单击图 1-48 中的"Device and Pin Options…"按钮，在弹出的图 1-49 所示窗口中选择"General"标签，在 Options 栏内选中"Auto-restart Configuration after error"，可对器件配置失败后能自动重新配置，并加入 JTAG 用户编码。Auto-restart Configuration after error 是 Quartus Ⅱ 默认选择。

3）选择配置器件（使用 EPCS 器件的主动串行编程模式时才更改）

使用 EPCS 器件的主动串行编程（AS-Active Serial）模式中，需要选择配置 EPCS 器件。单击图 1-49 中的"Configuration"标签，在如图 1-50 所示的"Configuration"标签中可根据开发板和实验箱中使用的 EPCS 器件选择 EPCS 器件。在编译前选中"Configuration"标签中的"Generate compressed bitstreams"复选框，编译后就能产生用于 EPCS 的 POF 文件。

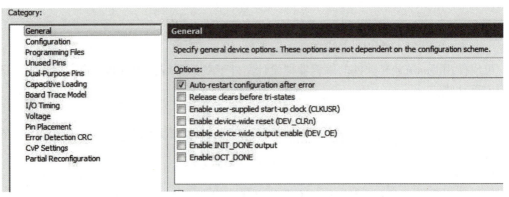

图 1-49 General 标签

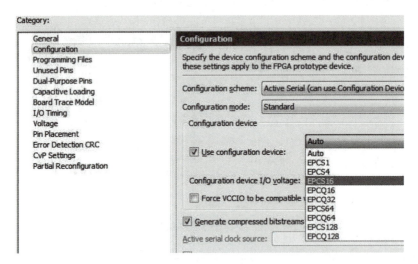

图 1-50 选择配置器件

4）选择闲置引脚的状态（使用默认选择可不更改）

单击图 1-49 中的"Unused Pins"标签，可选择目标器件闲置引脚的状态为输入态（高阻态，推荐）或输出状态（低电平）或输出不定状态。默认为输出状态（低电平），如图 1-51 所示。

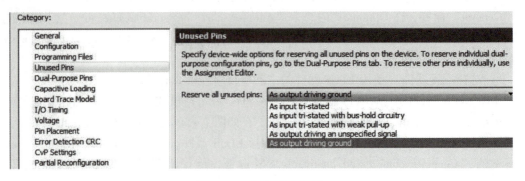

图 1-51 闲置引脚设置

5）引脚锁定

选择菜单 Assignments => Pin Planner 命令，弹出管脚设置界面，引脚配置编辑器如图 1-52 所示，在 Fitter Location 列已经有锁定好的引脚。只是在 Quartus Ⅱ 对工程编译后自动对电路信号给出的引脚锁定，并不是设计者给出的引脚情况，我们需重新进行引脚锁定。

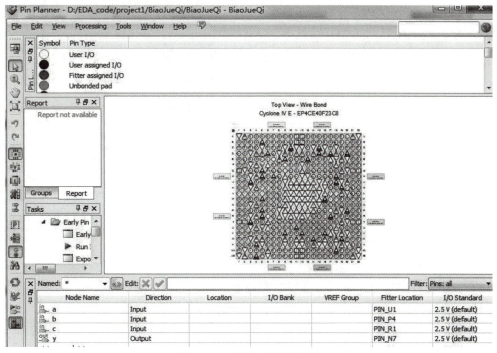

图 1-52 引脚配置编辑器

双击管脚所对应的 Location 栏，再单击弹出菜单的下拉式箭头，在出现的下拉菜单中列出了所选芯片的所有可用引脚，可根据所使用的实验箱或开发板的引脚分配情况将引脚一一锁定。如：本项目将输入引脚 a 锁定为 PIN_W6，输入引脚 b 选择 PIN_Y4，输入引脚 c 选择 PIN_U7，输出引脚 y 选择 PIN_V10，如图 1-53 所示。

最后单击"保存"按钮，保存引脚锁定信息，当管脚分配完之后一定要再编译一次，以使分配的管脚有效，把引脚锁定信息编译进下载文件中，就可以将生成的 SOF 文件或者 Jic、POF 文件下载到可编程逻辑器件或者 EPCS 器件中。

2. 编程下载设计文件

使用 Quartus Ⅱ 软件成功编译工程之后，自动生成 SOF 和 POF 编程数据文件，可以对 Altera 器件进行编程或配置，进而进行硬件测试。SOF 文件直接下载到 FPGA 内部的 RAM 中，断电后数据会丢失。POF 文件可配置外部的 EPCS 存储芯片中，断电后数据不会丢失，但 POF 文件主动串行编程（AS）模式涉及复杂的保护电路，为简化电路，我们常把 SOF 文件转化为 JTAG 间接配置 Jic 文件，通过 FPGA 的 JTAG 口对 EPCS 器件进行编程。

1）USB-Blaster 编程器设置

编程文件常用 USB-Blaster 编程器下载，使用前需要安装 USB 驱动程序，将 USB-Blaster 编程器连接到计算机的 USB 端口，在计算机"设备管理器"中查看 USB-Blaster 硬件设备已识别，选中 USB-Blaster 设备，单击鼠标右键，选择"更新驱动程序""浏览我的

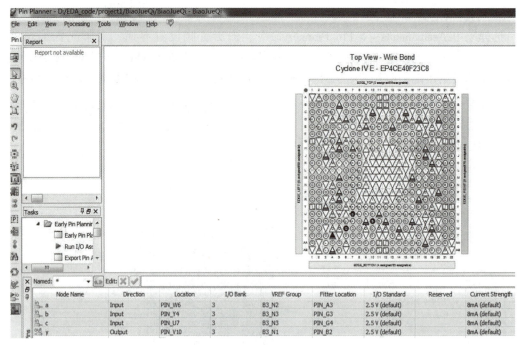

图 1–53　完成选择器件引脚

电脑以查找驱动程序",如 Quartus Ⅱ 安装在 D 盘,则驱动程序的路径为 D:\altera\13.1\quartus\drivers\usb – blaster。

安装完毕后,打开 Quartus Ⅱ 编程器,单击"Hardware Setup"按钮,在弹出的 currently selected hardware 窗口中选择 USB – Blaster 项,就可以用 USB – Blaster 编程器下载了。

2) 下载 SOF 编程文件到 FPGA

(1) 选择菜单 Tool => Programmer 命令,弹出以下编程窗口,如图 1 – 54 所示。单击图 1 – 54 中的"Hardware Setup"按钮,选择 USB – Blaster 项进行编程设置。

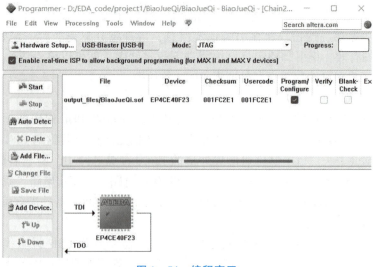

图 1 – 54　编程窗口

(2) 在编程窗口中单击"Mode"下拉框右端的下拉按钮,选中 JTAG 编程方式。JTAG 编程方式支持在系统编程,可对 FPGA、DSP 等器件进行编程,是通用的编程方式。

(3) 单击"Add Files"按钮,在弹出的对话框中打开 output_files 文件夹,选中 BiaoJueQi.sof 文件。单击"Start"按钮,即可开始对芯片编程,编程后数据保存在 FPGA 内部的 RAM 中。

3) 下载 JTAC 间接配置文件到 EPCS 器件中

利用 JTAG 口对配置器件进行间接配置的方法是先将 SOF 文件转化为 JTAG 间接配置文件,再对 EPCS 器件进行编程。

(1) 将 SOF 文件转化为 JTAG 间接配置文件。

选择 File => Convert Programming Files 命令,在弹出的窗口中做如下设置,如图 1-55 所示。

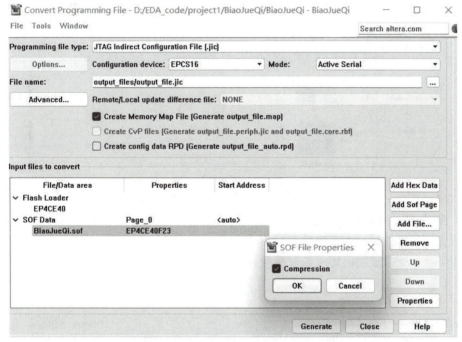

图 1-55 设置 JTAG 间接配置文件

①在 Programming file type 下拉列表框中选择输出文件类型为 JTAG 间接配置文件类型:JTAG Indirect Configuration File,后缀为 .jic。

②在 Configuration device 下拉列表框中选择配置器件型号,如存储芯片容量为 16 MB,可选择 EPCS16。

③在 File name 文本框中可改写输出配置文件名。

④单击下方 Input files to convert 栏中的 Flash Loader 项,然后单击右侧的"Add Device"按钮,弹出 Select Devices 器件选择窗口。在此窗口左栏中选择目标器件的系列,Cyclone IV E,再在右栏选择具体器件 EP4CE40,然后在 Input files to convert 栏中选择 SOF Data 项,单击右侧的"Add File"按钮,选择 SOF 文件 BiaoJueQi.sof。

⑤选择压缩模式,单击选中的 SOF 文件名,再单击右侧的"Properties"按钮,选择

"Compression"复选框,单击"OK"按钮完成,最后单击"Generate"按钮,即生成所需的.jic配置文件。

(2)下载JTAG间接配置文件。

选择Tool => Programmer命令(Mode选择JTAG),删除原来的SOF文件,加入JTAG间接配置文件,选中Program/Configure,如图1-56所示,单击"Start"按钮后进行编程下载,下载成功后必须关闭系统电源,然后再打开电源,完成EPCS器件对FPGA的配置。

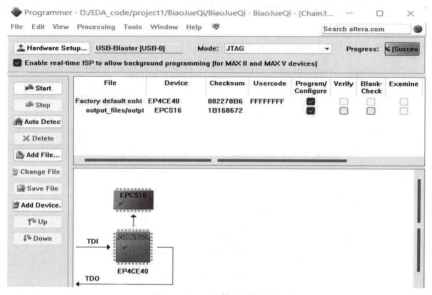

图1-56 下载配置文件

(3)删除JTAG间接配置文件。

下载完配置文件后,如需删除,只需选中Erase,如图1-57所示,单击"Start"按钮进行编程下载,下载成功后即可删除原配置文件。

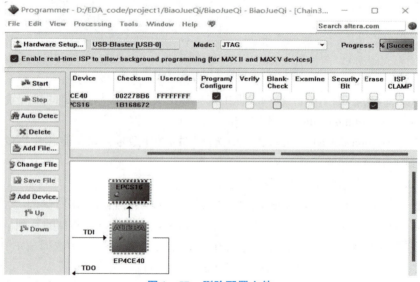

图1-57 删除配置文件

3. 设计电路硬件调试

程序下载成功后可进行硬件调试，在 EDA 实验箱或开发板上进行硬件调试验证，把三个输入连接到三位拨码开关上，输出连接一个 LED，拨动三个拨码开关，观察 LED 的亮灭，是否符合实现三人表决器的电路功能。

1.4 总结与思考

1. 项目总结

（1）三人表决器属于组合逻辑电路，在采用原理图设计输入时，可采用真值表→表达式→最简式→电路图的步骤进行设计。

（2）Quartus Ⅱ原理图设计的主要步骤包括：新建工程、建立编辑原理图设计文件、项目编译、项目仿真、器件编程等。

2. 思考内容

（1）可编程逻辑器件的设计流程。

（2）可编程逻辑器件分类。

（3）可编程逻辑器件生产厂家及典型器件。

（4）CPLD 与 FPGA 的特点与区别。

（5）Quartus Ⅱ软件的使用及原理图输入方法。

3. 拓展知识

目前主流的可编程逻辑器件和 EDA 设计软件都是国外产品，从生产商来说，全球范围内，FPGA 和 CPLD 开发套件核心厂商主要包括 Xilinx、Intel–Altera、Lattice、Digilent 和 Microchip 等，占全球市场份额的 90% 以上。国内 FPGA 厂家主要有京微齐力、复旦微电子、紫光同创、高云半导体、安路科技、上海遨格芯、成都华微科技和西安智多晶等，主要的相关技术还处于追赶阶段，在 EDA 软件、高端芯片、EUV 光刻机等领域差距较为明显，国外对我国 EDA 新技术的封锁只会激发我们前进的动力，要想彻底破解"卡脖子"难题，青年学子必须要立志成为心怀"国之大者"为国为民的时代新人，心系国家命运，立大志、明大德、自立自强、脚踏实地努力进取，学好专业知识，积极参与创新实践和技术积累，努力提高自己的创新创业和实践能力，为投身我国的 EDA 行业建设积蓄力量，通过国家政策的支持和广大科技工作者的持续努力，相信假以时日，EDA 技术就像家用电器、新能源汽车、无线通信等技术的突破一样，不但能彻底破解"卡脖子"难题，还能引领世界的发展，未来 EDA 的希望在中国。

1.5 基础训练任务

基础训练任务内容的难度和项目一相当,通过基础任务的练习可加深对课程内容的理解,使学习者能够快速上手,学会 Quartus Ⅱ 软件的电路原理图设计输入方法。

1.5.1 任务1:一位全加器的设计

1. 任务目标

(1) 熟悉 Quartus Ⅱ 软件的使用流程。
(2) 学会原理图输入方法。
(3) 能够通过波形分析和器件下载验证电路性能。

一位全加器

2. 任务原理

一位全加器属于组合逻辑电路,其真值表如表 1-2 所示。

表 1-2 一位全加器真值表

数据输入			数据输出	
A	B	CI(低位进位)	S(和位)	CO(高位进位)
0	0	0	0	0
0	0	1	1	0
0	1	0	1	0
0	1	1	0	1
1	0	0	1	0
1	0	1	0	1
1	1	0	0	1
1	1	1	1	1

根据其真值表写出逻辑表达式和最简式:

$$S = \overline{A}\,\overline{B}\,CI + \overline{A}\,B\,\overline{CI} + A\overline{B}\,\overline{CI} + ABCI = A \oplus B \oplus CI$$

$$CO = \overline{A}BCI + A\overline{B}CI + AB\overline{CI} + ABCI = BCI + ACI + AB$$

得到最简式后就可以通过基本门电路(异或门 XOR、2 输入与门 AND2、3 输入或门 OR3)来实现一位全加器的设计,其电路图如图 1-58 所示。

3. 任务设计

1) 创建工程

在计算机中建立一个文件夹作为工程项目目录,然后像在 1.2.3 节项目实施中所描述

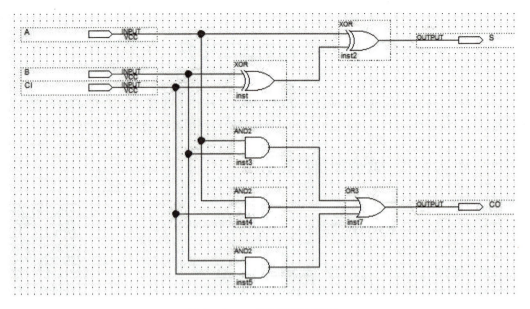

图1-58 一位全加器电路图

的 Quartus Ⅱ 软件的设计流程，利用创建工程向导（New Project Wizard）创建一个新的工程，如图1-59所示。

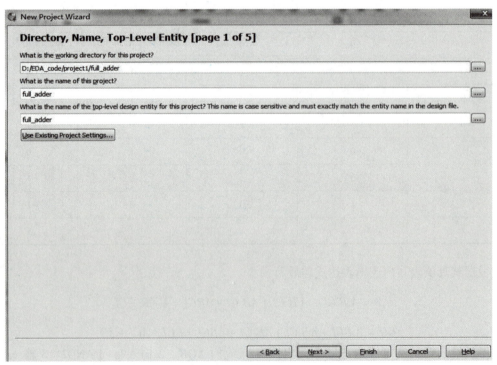

图1-59 新建工程

在弹出的对话框中，选择工程项目目录，然后填写工程项目名称和顶层设计实体名称，默认情况下项目名称和顶层设计实体名称同名。完成上述步骤后，弹出"添加工程文件"对话框，若原来已有设计文件，可选择添加进来，如要新建文件，可直接单击"Next"进入下一步选择目标器件类型，这里同样选择EP4CE40F23C8，继续单击"Next"按钮，出现选择第三方EDA工具对话框，如图1-60所示，这里完全使用Quartus Ⅱ集成环境进行开发，跳过这一步，单击"Next"按钮，即可创建一个空的工程项目。

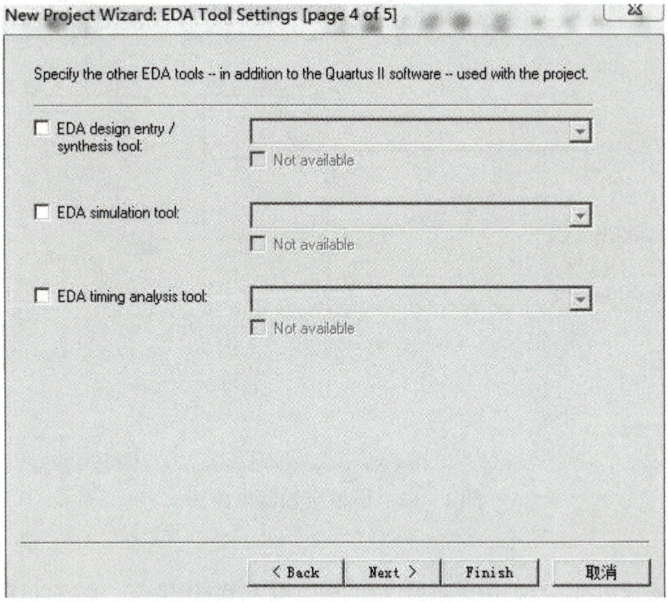

图1-60 EDA工具设置对话框

2）创建原理图设计文件

在创建好工程项目后，选择File→New…菜单，弹出如图1-61所示新建设计输入文件选择对话框，选择原理图设计输入。

图1-61 新建设计输入文件选择对话框

在原理图输入窗口中，创建一位全加器电路图，如图 1-62 所示。

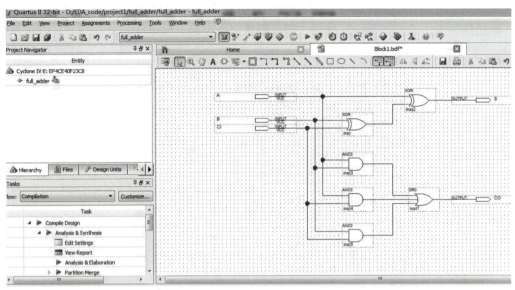

图 1-62　一位全加器电路图

3）项目编译

Quartus Ⅱ 编译器主要完成设计项目文件的检查和逻辑综合，将项目最终设计结果生成仿真输出文件和器件下载文件。

选择 Processing→Start Compilation 菜单项，进行项目编译，完成项目文件的保存、检查和逻辑综合，如图 1-63 所示。

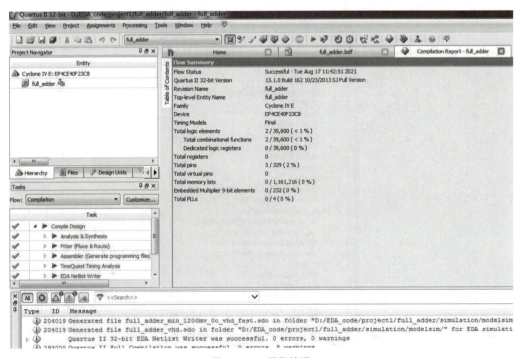

图 1-63　项目编译

如果提示编译有错误，则表明分析综合不成功，设计文件存在问题，此时可在消息窗口选择错误信息，在错误信息上双击鼠标左键，可以定位到设计文件中错误所在的地方修改出现的错误，直到分析综合成功为止。

4）管脚分配

编译完成后，将生成工程数据库文件，需要给设计好全加器的 5 个端口映射到目标下载器件 EP4CE40F23C8 具体管脚上，即管脚分配，单击"Assignments"菜单下面的 Pin Planner 出现所选目标芯片的管脚分配图，如图 1-64 所示。

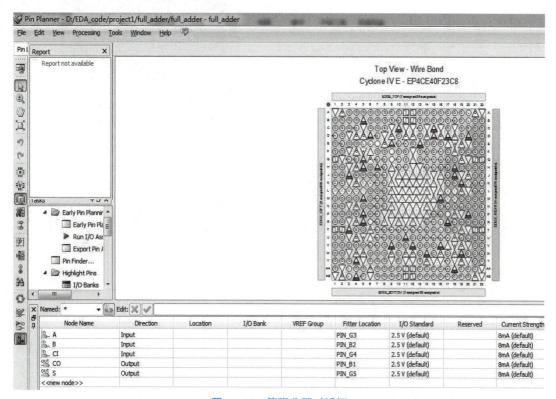

图 1-64 管脚分配对话框

可以按项目一设计的三人表决器电路的管脚分配方法，双击管脚所对应的 Location 栏，在出现的下拉菜单中选择想要分配的芯片引脚，也可单击鼠标左键选中 Node Name 栏中的待分配端口 A，再按住不放将其拖到管脚分配窗口中的白色圆圈芯片引脚上，此时引脚的白色圆圈将变成棕色，按同样方法，依次完成全加器其他引脚的分配，如图 1-65 所示。

全部管脚分配完成后，还需进行一次编译才能得到可下载的 pof 文件，同时在原理图文件中可发现管脚已经绑定成功，如图 1-66 所示。

5）功能仿真

在完成全加器项目的输入、综合以及全编译等步骤以后，在把设计项目编程或配置到器件之前，可以使用 EDA 仿真工具或 Quartus Ⅱ 软件的仿真器进行仿真。仿真器支持多种形式的输入激励信号，可参考项目一设计的三人表决器电路的仿真步骤对一位全加器进行功能仿真。图 1-67 所示为使用矢量波形文件（.vwf）进行仿真的结果，对应一位全加器的真值表验证电路的逻辑功能是正确的，可以进行后续的硬件验证。

电子设计自动化

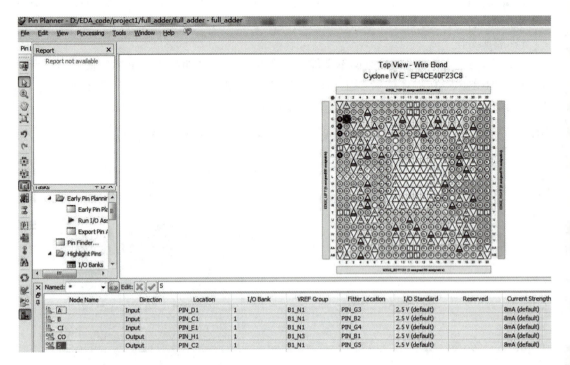

图 1-65　全部管脚完成分配

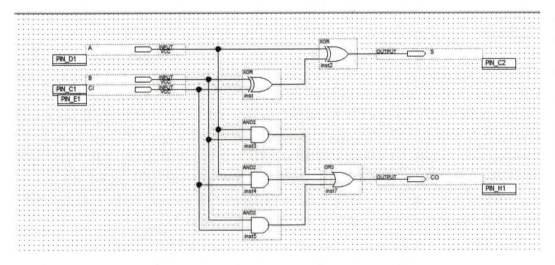

图 1-66　管脚分配成功

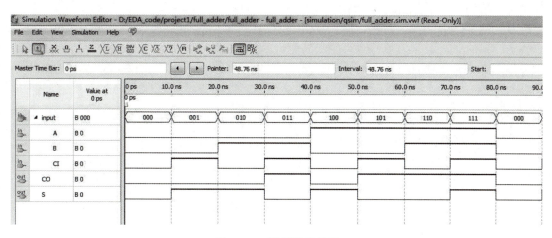

图 1-67　波形仿真结果

4. 任务实施

经 Quartus Ⅱ 编译，工程目录中已经得到了编程文件 full_adder.pof，将其下载到目标器件中，通过 EDA 开发板进行硬件功能验证。

1.5.2 任务2：一位半加器的设计

1. 任务目标
（1）熟悉 Quartus Ⅱ 软件的使用流程。
（2）学会设计电路以及原理图输入方法。
（3）能够通过波形分析和器件下载验证电路性能。

一位半加器

2. 任务设计

一位半加器属于组合逻辑电路，输入为2位二进制数据位，输出为一位和位和一位进位，以上一单元学习的一位全加器电路设计为参考，用原理图输入的方法设计一位半加器。依据一位半加器的电路实现功能，请填写表1-3所示真值表。

表1-3 半加器真值表

数据输入		数据输出	
A	B	S（和位）	C（进位）

由真值表推导出半加器的逻辑表达式及最简式：
$S =$ _____ ； $C =$ _____ 。
由最简表达式画出原理图：

3. 任务实施

Quartus Ⅱ原理图输入方式实现一位半加器的输入、编译、仿真及下载。

4. 一位半加器技能考核（表1-4）

表1-4 一位半加器技能考核

学号		姓名		小组成员	
安全评价	违反用电安全规定、故意损坏仪器，无成绩		总评成绩		
素质评价	1. 职业素养：遵守职业规范和操作要求，注意用电安全，仪器设备使用完毕后断电，并放于指定位置。 2. 劳动素养：实践结束后，能整理清洁好工作台面，桌椅摆放整齐，保持良好学习环境。 3. 合作意识：小组成员之间互帮互助，具有团队协作精神		学生自评（2分）		
			小组互评（2分）		
			教师考评（6分）		
			素质总评		
知识评价	1. 熟悉 Quartus Ⅱ软件的使用。 2. 掌握原理图设计的方法。 3. 掌握一位半加器的电路设计原理。 4. 掌握真值表及表达式化简方法		学生自评（10分）		
			教师考评（20分）		
			知识总评		
能力评价	1. 能设计出一位半加器的电路。 2. 能画出一位半加器原理图。 3. 能正确进行电路编译仿真。 4. 能正确进行设计电路的下载和验证		学生自评（10分）		
			小组互评（10分）		
			教师考评（40分）		
			能力总评		

1.5.3 任务3：一位全减器的设计

1. 任务目标

(1) 熟悉 Quartus Ⅱ 软件的使用流程。
(2) 学会设计电路以及原理图输入方法。
(3) 能够通过波形分析和器件下载验证电路性能。

一位全减器

2. 任务设计

一位全减器属于组合逻辑电路，表1-5所示为填写部分数据的真值表，请填全真值表其余位的数据。

表1-5 全减器真值表

数据输入			数据输出	
A	B	J_I（低位借位）	Sub（差位）	J_o（高位借位）
0	0	0	0	0
0	0	1	1	1
1	0	0	1	0
1	0	1	0	0

由真值表推导出全减器的逻辑表达式及最简式：
Sub = _____ ；J_o = _____ 。
由最简表达式画出原理图：

3. 任务实施

Quartus Ⅱ原理图输入方式实现一位全减器的输入、编译、仿真及下载。

4. 一位全减器技能考核（表1-6）

表1-6 一位全减器技能考核

学号		姓名		小组成员	
安全评价	违反用电安全规定、故意损坏仪器，无成绩		总评成绩		
素质评价	1. 职业素养：遵守职业规范和操作要求，注意用电安全，仪器设备使用完毕后断电，并放于指定位置。 2. 劳动素养：实践结束后，能整理清洁好工作台面，桌椅摆放整齐，保持良好学习环境。 3. 合作意识：小组成员之间互帮互助，具有团队协作精神		学生自评（2分）	
			小组互评（2分）	
			教师考评（6分）	
			素质总评	
知识评价	1. 熟悉 Quartus Ⅱ 软件的使用。 2. 掌握原理图设计的方法。 3. 掌握一位全减器的电路设计原理。 4. 掌握真值表及表达式化简方法		学生自评（10分）	
			教师考评（20分）	
			知识总评	
能力评价	1. 能设计出一位全减器的电路。 2. 能画出一位全减器原理图。 3. 能正确进行电路编译仿真。 4. 能正确进行设计电路的下载和验证		学生自评（10分）	
			小组互评（10分）	
			教师考评（40分）	
			能力总评	

1.5.4 任务 4：一位相同比较器的设计

一位相同比较器

1. 任务目标

（1）熟悉 Quartus Ⅱ 软件的使用流程。
（2）学会设计电路以及原理图输入方法。
（3）能够通过波形分析和器件下载验证电路性能。

2. 任务设计

一位相同比较器属于组合逻辑电路，输入数据相同时，输出为高电平，输入数据不同时，输出为低电平。请填写表 1-7 所示真值表。

表 1-7 一位相同比较器真值表

数据输入		数据输出
A	B	Y

由真值表推导出一位相同比较器的逻辑表达式及最简式：

$Y = $ _____。

由最简表达式画出原理图：

3. 任务实施

用 Quartus Ⅱ 原理图输入方式实现一位相同比较器的输入、编译、仿真及下载。

4. 一位相同比较器技能考核（表 1-8）

表 1-8　一位相同比较器技能考核

学号		姓名		小组成员	
安全评价	违反用电安全规定、故意损坏仪器，无成绩		总评成绩		
素质评价	1. 职业素养：遵守职业规范和操作要求，注意用电安全，仪器设备使用完毕后断电，并放于指定位置。 2. 劳动素养：实践结束后，能整理清洁好工作台面，桌椅摆放整齐，保持良好学习环境。 3. 合作意识：小组成员之间互帮互助，具有团队协作精神		学生自评（2分）		
			小组互评（2分）		
			教师考评（6分）		
			素质总评		
知识评价	1. 熟悉 Quartus Ⅱ 软件的使用。 2. 掌握原理图设计的方法。 3. 掌握一位相同比较器的电路设计原理。 4. 掌握真值表及表达式化简方法		学生自评（10分）		
			教师考评（20分）		
			知识总评		
能力评价	1. 能设计出一位相同比较器的电路。 2. 能画出一位相同比较器原理图。 3. 能正确进行电路编译仿真。 4. 能正确进行设计电路的下载和验证		学生自评（10分）		
			小组互评（10分）		
			教师考评（40分）		
			能力总评		

1.6 拓展训练任务

拓展训练任务内容有一定的难度,通过基础训练任务的练习后,进行拓展任务的训练,会进一步加深对使用电路原理图设计输入方法的理解,可根据自己的实际情况选择练习。

1.6.1 任务1:四位全加器的设计

四位全加器

1. 任务目标
(1) 熟悉 Quartus Ⅱ 软件的使用流程。
(2) 熟悉原理图层次化输入设计方法。
(3) 能够通过波形分析和器件下载验证电路性能。

2. 任务原理
设计两个四位二进制数相加的全加器,如果用传统方法,列出输入/输出数据的真值表,通过真值表求出表达式,化简后再画出电路图,由于输入数据较多,真值表比较烦琐,而且列出表达式后化简的难度也比较大,不容易实现。我们可以通过层次化的方法在一位全加器的基础上完成,只需要把四个一位全加器级联起来即可。

3. 任务设计
在设计一位全加器电路时,生成元件符号执行 File => Great/Update => Great Symbol Files for Current File 命令,将一位全加器电路封装生成一个元件符号,在原理图编辑器下进行层次设计时调用。

1) 新建项目

(1) 启动 Quartus Ⅱ,单击"Create a New Project"按钮打开新项目建立向导,也可以单击菜单"File"→"New"→"New Quartus Ⅱ Project",在新项目建立向导对话框中分别输入项目文件夹、项目名和顶层设计实体名,项目名为 DADD,顶层设计实体名也为 DADD。

(2) 由于需要使用先前生成的全加器原件 full_adder.bsf,可单击"添加文件"对话框的 File name 右侧的按钮,选择 full_adder.bsf 符号文件和 full_adder.baf 原理图文件,单击"Add"按钮,添加这两个文件。

(3) 在"器件设置"对话框中选择 EDA 开发板对应的器件,单击"Finish"按钮,完成项目建立。

2) 编辑原理图

(1) 单击"File"→"New"选项,选中"Block Diagram/Schematic File",单击"OK",打开原理图编辑器窗口。

(2) 用鼠标双击图形文件编辑窗口的编辑区,打开"元件输入"对话框中,选择 full_adder.bsf 文件并复制四个,再依次输入两个 INPUT 输入引脚和两个 OUTPUT 输出引脚。

(3) 把四个一位全加器的模型级联后得到如图 1-68 所示的四位全加器原理图。

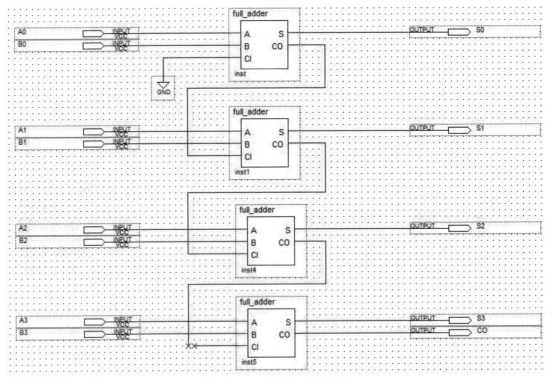

图1-68 四位全加器原理图

(3) 编译与仿真

编译与仿真的操作和前面讲述的操作是一样的，这里简单介绍下。将此原理图文件按默认名称保存后，单击"Processing"→"Start Compilation"选项，启动全编译，如有错误，可以根据"Massage – Compile"窗口所提供的信息进行修改，重新编译，直到没有错误为止。

单击"File"→"New"选项，选择"University Program VWF"选项，建立波形仿真文件，设置好输入/输出引脚后开始仿真，四位全加器的仿真波形如图1-69所示。

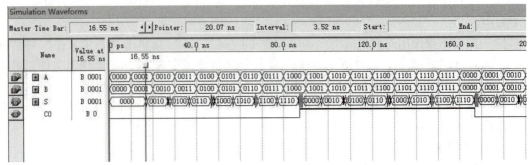

图1-69 四位全加器的仿真波形

4. 任务实施

仿真正确后，进行引脚分配、引脚锁定，再次编译成功后，就可以将锁定的引脚信息加入原理图设计文件中，将生成的DADD.sof执行文件下载到EDA开发板上，进行硬件电路测试验证。

1.6.2 任务2：四位相同比较器的设计

四位相同比较器

1. 任务目标

（1）熟悉 Quartus Ⅱ 软件的使用流程。
（2）熟悉原理图层次化输入设计方法。
（3）能够通过波形分析和器件下载验证电路性能。

2. 任务原理

设计两个四位二进制数的相同比较器，可以在前面一位二进制数相同比较器的基础上完成。如果两个四位二进制数的每一位都相同，则两个数据相同，只要有一个数据位不同，则两个数不同。设输入的两个四位二进制数分别为 A[3..0]、B[3..0]，用 Y 表示结果。若两数相同，输出 1，两数不同输出 0。

3. 任务设计

在设计一位相同比较器电路时，要选择生成元件符号，执行 File => Great/Update => Great Symbol Files for Current File 命令，将一位相同比较器电路封装生成一个元件符号，在原理图编辑器下进行层次设计时调用。

以四位全加器的设计为参考，完成四位相同比较器的原理图输入、编译、仿真、引脚分配、全编译、下载及硬件功能测试。

提示：把四个一位相同比较器的元件符号输出端作为 4 输入与门的输入引脚。

4. 任务实施过程记录

5. 四位相同比较器技能考核（表1-9）

表1-9 四位相同比较器技能考核

学号			姓名		小组成员	
安全评价	违反用电安全规定、故意损坏仪器，无成绩			总评成绩		
素质评价	1. 职业素养：遵守职业规范和操作要求，注意用电安全，仪器设备使用完毕后断电，并放于指定位置。 2. 劳动素养：实践结束后，能整理清洁好工作台面，桌椅摆放整齐，保持良好学习环境。 3. 合作意识：小组成员之间互帮互助，具有团队协作精神			学生自评（2分）		
				小组互评（2分）		
				教师考评（6分）		
				素质总评		
知识评价	1. 熟悉 Quartus Ⅱ 软件的使用。 2. 掌握原理图设计的方法。 3. 掌握四位相同比较器的电路设计原理。 4. 掌握层次化设计方法			学生自评（10分）		
				教师考评（20分）		
				知识总评		
能力评价	1. 能设计出四位相同比较器的电路。 2. 能画出四位相同比较器原理图。 3. 能正确进行电路编译仿真。 4. 能正确进行设计电路的下载和验证			学生自评（10分）		
				小组互评（10分）		
				教师考评（40分）		
				能力总评		

1.6.3 任务 3：乘法器的设计

乘法器

1. 任务目标

（1）熟悉 Quartus Ⅱ 软件的使用流程。
（2）熟悉原理图输入方法及 LPM 宏单元库的使用。
（3）能够通过波形分析和器件下载验证电路性能。

2. 任务原理

利用 Quartus Ⅱ 原理图输入方式，使用 LPM 库函数设计一个能实现 3 位二进制数和 4 位二进制数乘法运算的电路。

LPM（Library Parameterized Modules）即参数化的宏功能模块库。应用这些功能模块库可以大大提高 IC 设计的效率。调用 LPM 库函数非常方便，即可在原理图输入法中调用，也可以在 HDL 源文件中调用。

3. 任务设计

1）新建项目

同前面用原理图输入方法设计电路的流程相同，在计算机建立项目文件夹，启动新建项目向导，在对话框中分别输入项目文件夹、项目名和顶层设计实体名，选择芯片型号，并新建原理图文件。

2）生成乘法运算模块

（1）用鼠标双击图形编辑窗口，在弹出的 Symbol 对话框中选择"Library"→"megafunctions"→"arithmetic"，打开如图 1-70 所示对画框，选择"LPM_MULT"。

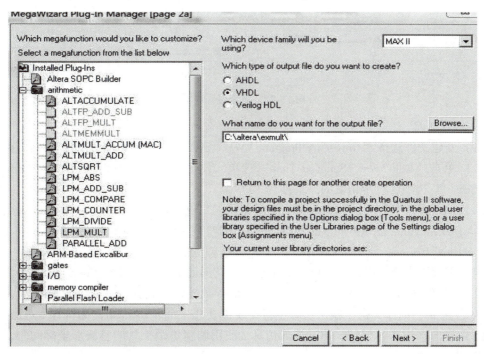

图 1-70　Mega Wizard Plug_1 对话框

（2）单击"Next"，弹出如图1-71所示对话框，按照题意，被乘数是3位，乘数是4位，乘积是7位，可按默认选项继续完成后面的设置。

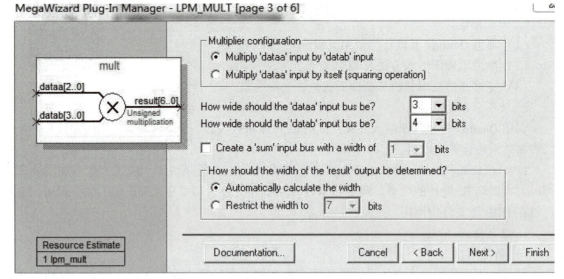

图1-71 乘法运算模块设置

3）原理图输入与编译

打开原理图编辑窗口，单击元件输入对话框，选择前面生成的乘法器运算模块，再依次输入2个输入引脚A[2..0]、B[3..0]和1个输出引脚Q[6..0]，电路原理图如图1-72所示，启动全编译，如有编译错误，需修改后重新编译，直到没有错误为止。

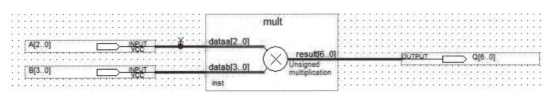

图1-72 乘法器原理图

4）波形仿真

（1）新建文件选择"University Program VWF"选项，建立波形输入文件，并保存。

（2）单击"Edit"→"Set End Time"选项，设定仿真时间为2 μs；单击"Edit"→"Grid Size.."选项，设定仿真时间周期为100 ns。

（3）输入所有引脚后，选中A脚，将其默认的二进制设置为Unsigned Decimal（无符号十进制），双击Value at 0ps下方的B000弹出引脚参数对话框，如图1-73所示，将Binary改为Unsigned Decimal。按相同的方法把B脚和Q脚也都设置成无符号十进制形式。

（4）继续选中输入引脚A，单击工具条中的波形计数按钮，并在Count every输入框内输入100，单位选ns；选中输入引脚B单击波形计数按钮，并在Count every输入框内输入200，单位选ns，同样，选中输出引脚也将其设置成Unsigned Decimal（无符号十进制）。

（5）单击"仿真"按钮，启动波形仿真，使用调整焦距工具调整波形坐标间距，其仿真结果如图1-74所示。

项目一 三人表决器的设计

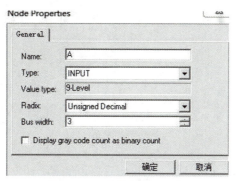

图 1-73 引脚参数对话框

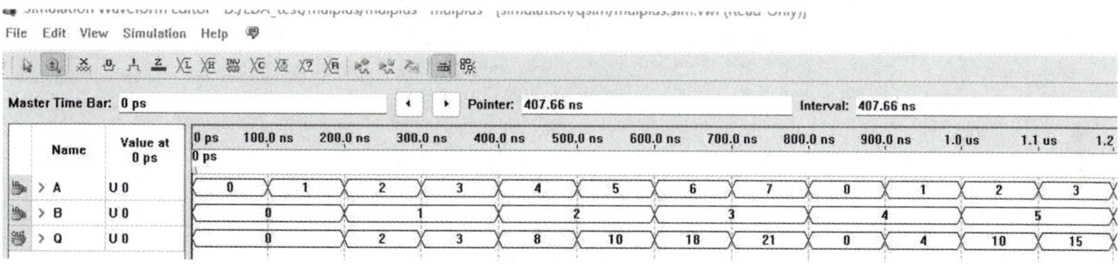

图 1-74 乘法器仿真结果

4. 任务实施

仿真正确后，进行引脚分配、引脚锁定，再次编译成功后，就可以将锁定的引脚信息加入原理图设计文件中，将生成的执行文件下载到 EDA 开发板上，进行硬件电路测试验证，测试时注意二进制数字的高、低位排列顺序。

1.6.4 任务4：除法器的设计

1. 任务目标

（1）熟悉 Quartus Ⅱ 软件的使用流程。
（2）熟悉原理图输入方法及 LPM 宏单元库的使用。
（3）能够通过波形分析和器件下载验证电路性能。

除法器

2. 任务原理

利用 Quartus Ⅱ 原理图输入方式，使用 LPM 库函数设计一个能实现 4 位二进制数和十进制常数的除法运算电路。

LPM（Library Parameterized Modules）即参数化的宏功能模块库。应用这些功能模块库可以大大提高 IC 设计的效率。调用 LPM 库函数非常方便，既可在原理图输入法中调用，也可以在 HDL 源文件中调用。

3. 任务设计

按照题意，被除数是 4 位，除数选择 2 位，商是 4 位，余数是 2 位，除法器选择 LPM_DRIVIDE 模块。参考乘法器电路的设计步骤，完成除法器的原理图输入、编译、仿真、下载和测试。

4. 任务实施过程记录

5. 除法器技能考核（表1-10）

表1-10 除法器技能考核

学号		姓名		小组成员	
安全评价	违反用电安全规定、故意损坏仪器，无成绩		总评成绩		
素质评价	1. 职业素养：遵守职业规范和操作要求，注意用电安全，仪器设备使用完毕后断电，并放于指定位置。 2. 劳动素养：实践结束后，能整理清洁好工作台面，桌椅摆放整齐，保持良好学习环境。 3. 合作意识：小组成员之间互帮互助，具有团队协作精神		学生自评（2分）		
			小组互评（2分）		
			教师考评（6分）		
			素质总评		
知识评价	1. 熟悉Quartus Ⅱ软件的使用。 2. 掌握原理图设计的方法。 3. 掌握除法器的电路设计原理。 4. 掌握LPM宏单元库使用方法		学生自评（10分）		
			教师考评（20分）		
			知识总评		
能力评价	1. 能设计出除法器的电路。 2. 能画出除法器原理图。 3. 能正确进行电路编译仿真。 4. 能正确进行设计电路的下载和验证		学生自评（10分）		
			小组互评（10分）		
			教师考评（40分）		
			能力总评		

项目二

3-8 线译码器的设计

项目目标

1. 了解 VHDL 语言的结构特点。
2. 掌握 VHDL 语言的基本格式和规范。
3. 熟悉 Quartus Ⅱ 软件的 VHDL 文本输入。

3-8 线译码器

项目任务

能使用 VHDL 语言的常用并行语句设计电路。

职业能力

根据任务要求，培养程序代码书写的规范性。

职业素养

成功的秘诀是坚持，持之以恒是成功的保证。

2.1 项目设计内容描述

3-8 线译码器是数字电路中比较常见的组合逻辑电路，有三个输入端，八个输出端。三个输入端信号按二进制方式组合成八种输入状态，每一种输入状态在输出端都会有相应的译码输出，即八个输出端能表示八种输入组合，当输入信号按二进制方式的表示值为 N 时，标号为 N 的输出端输出高电平表示有译码信号产生，而其他则为低电平表示无译码信号产生。用三个拨动开关来表示 3-8 线译码器的三个输入端，用八个 LED 来表示 3-8 线译码器的八个输出端。可通过输入不同的值来观察输入的结果是否具有 3-8 线译码器的功能。

3-8 线译码器可以通过门电路设计，也可以通过 FPGA 实现，FPGA 设计既可以用原理图输入的方式，也可以用硬件描述语言输入方式，本项目采用 VHDL 语言设计实现。

2.2 项目相关理论知识

2.2.1 VHDL 语言概述

VHDL（VHSIC Hardware Description Language）语言是一种用于数字系统的设计和测试的硬件描述语言。随着集成电路系统化的不断发展和集成度的逐步提高，传统的设计输入方法（如原理图输入）已无法满足大型、复杂系统的要求。同时电子工业的飞速发展，对集成电路提出高集成度、系统化、微尺寸、微功耗的要求，因此，高密度逻辑器件和 VHDL 便应运而生。VHDL 语言为设计输入提供了更大的灵活性，具有更高的通用性，能更有效地缩短设计周期，减少生产成本。

VHDL 是超高速集成电路硬件描述语言，其中的 VHSIC（Very High Speed Integrated Circuit）即超高速集成电路。VHDL 的开发始于 1981 年，由美国国防部制定，以作为各合同商之间提交复杂电路设计文档的一种标准方案，IEEE（Institute of Electrical & Electronic Engineers）从 1986 年开始 VHDL 的标准化工作，并在 1987 年 12 月发布了 VHDL 的第一个标准（IEEE. std_1076/1987），1993 年形成了标准版本（IEEE. std_1164/1993）。1995 年，我国国家技术监督局推荐 VHDL 语言作为电子设计自动化硬件描述语言的国家标准。

现在，VHDL 已成为电路设计的文档记录、设计描述的逻辑综合、电路仿真的标准，主要优点如下：

（1）是 IEEE 的一种标准，语法比较严格，便于使用、交流和推广。
（2）具有良好的可读性，既可以被计算机接受，也容易被人们所理解。
（3）可移植性好。对于综合与仿真工具采用相同的描述，对于不同的平台也采用相同的描述。
（4）描述能力强、覆盖面广，支持从逻辑门层次的描述到整个系统的描述。
（5）是一种高层次的、与器件无关的设计，设计者没有必要熟悉器件内部的具体结构。

2.2.2 VHDL 语言程序结构

一个完整的 VHDL 程序（或称为设计实体）结构如表 2-1 所示。一个基本的 VHDL 程序至少应包括三个基本组成部分：库、程序包说明（LIBRARY，USE）、实体说明（ENTITY）和对应的结构体说明（ARCHITECTURE）。

1. 库（LIBRARY）

库是专门存放预编译程序包（Package）的地方，它们可以在其他设计中被调用。程序包（Packages）是数据类型（Data Type）和函数（Function），或是公共元件（Components）的集合。库的使用方法是：在每个设计的开头声明选用的库名，用 USE 语句声明所选中的逻辑单元。一经声明，该库中的元件对本设计是可见的。库可以是 VHDL 的标准库，也可以是由用户根据需要自定义的库。

表 2–1　VHDL 的程序结构

设计实体	1. LIBRARY	声明库名
	2. USE	声明程序包名
	3. ENTITY（实体说明）	定义电路设计中的输入/输出端口
	［GENERIC（类属说明）］	
	PORT（端口说明）	
	4. ARCHITECTURE（结构体说明）	描述电路的内部功能
	Process（进程）	
	或其他并行结构	
	5. CONFIGURATION（配置说明）	指定与实体对应的结构体

库的一般格式为

```
LIBRARY  库名;
USE  库名.逻辑体名;
```

例如：

```
LIBRARY IEEE;                      --选用 IEEE 标准库
USE IEEE.std_logic_1164.ALL;       --程序包名
USE IEEE.std_logic_unsigned.ALL;
USE IEEE.std_logic_arith.ALL;      --ALL 表示使用库/程序包中的所有定义
```

在 VHDL 中，两短横（--）是注释符，其有效范围是从注释符开始至行尾结束，所有被注释过的字符都不参与编译和综合。

2. 实体（ENTITY）

实体用来描述设计的输入/输出信号。实体类似于原理图中的符号（Symbol），并不描述模块的具体功能。

实体的一般格式为

```
ENTITY  实体名  IS
  ［GENERIC(类属参数说明);］
  ［PORT(端口说明);］
END  实体名;
```

注意：实体名可由设计者根据标识符的规则自由命名，但必须与 VHDL 程序的文件名相同。方括号中的项表示可以省略。

1）类属参数说明

类属参数说明主要用于指定参数。

类属说明的一般格式为

```
GENERIC (常数名:数据类型:设定值;
         ⋮
         常数名:数据类型:设定值);
```

例如：GENERIC（wide:int: = 32;   --说明宽度为 32
              tmp:int: = 5ns）;   --说明延迟为 5 ns

2) 端口说明

每一个输入/输出信号称为端口，用于将外部环境的动态信息传递给实体的具体元件。对实体的每个端口必须定义，每个端口表必须确定端口名、端口模式（MODE）及数据类型（TYPE）。

端口说明的一般格式为

```
PORT(端口名:端口模式 数据类型;
     ⋮
     端口名:端口模式 数据类型);
```

（1）端口名：每个外部引脚的名称，在实体中必须是唯一的。

（2）端口模式：用来决定信号的流动方向。端口模式共有输入（IN）、输出（OUT）、双向（INOUT）和缓冲（BUFFER）四种类型，其默认（缺省）模式为输入模式。各端口模式说明如表 2-2 所示。

表 2-2 各端口模式说明

说明符	含义
输入（IN）	信号进入实体内部，内部的信号不能从该端口输出
输出（OUT）	信号从实体内部输出，不能实体内部反馈
双向（INOUT）	信号既可以进入实体内部，也可以从实体内输出，一般用于与 CPU 的数据总线接口
缓冲（BUFFER）	信号输出到实体外部，同时也在实体内部反馈

注意：OUT 与 BUFFER 都可以定义输出端口，但它们之间是有区别的。OUT 定义的输出端口没有反馈；BUFFER 定义的输出端口有反馈，其常用于定义具有反馈功能的时序逻辑电路输出端口。

（3）端口类型：即端口名的数据类型。在 VHDL 语言中有多种数据类型，但在逻辑电路设计中常用以下几种：BIT 和 BIT_VECTOR、STD_LOGIC 和 STD_LOGIC_VETOR。

当使用标准逻辑和标准逻辑序列这两种数据类型时，在程序中必须写出库说明语句和程序包说明语句。

例 2.1.1 全加器的端口如图 2-1 所示，则其端口的 VHDL 语言描述如下：

```
ENTITY  Full_adder  IS            --定义名称 Full_adder 的实体
PORT( a,b,c: IN BIT ;             --定义输入端口,类型为 BIT
      sum,carry: OUT BIT );       --定义输出端口,类型为 BIT
END  Full_adder;                  --实体定义结束
```

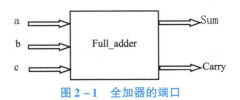

图 2-1 全加器的端口

注意：存盘的文件名为 Full_adder.VHD，与实体名一致。

3. 结构体（ARCHITECTURE）

实体设计时是将其视为"黑盒子"（Black Box），只设计输入/输出端口，即只知道其外貌却不明确其内部逻辑。而结构体是用来描述设计的具体内容，即具体描述实体的功能以及如何实现这些功能。结构体是设计描述的核心。

结构体的一般格式为

```
ARCHITECTURE 结构体名 OF 实体名 IS
      [定义语句;]
BEGIN
      功能描述语句;
END 结构体名;
```

结构体定义语句可定义类型、信号、元件和子程序等信息。这些信息可理解结构体的内部信息或数据，只在结构体内部有效。

BEGIN 语句指明了功能描述语句的开始。功能描述语句主要描述实体的硬件结构，包括元件间的互相联系、实体完成的逻辑功能、数据传输变换等。

结构体不能离开实体而单独存在，即使该实体是空实体。一个实体可同时具备多个结构体。实体具体使用哪个结构体，可通过配置语句来实现。

例 2.1.2 全加器的结构体描述。

```
ARCHITECTURE adder OF Full_adder IS          --定义结构体名
BEGIN
      sum <= a XOR b XOR c;                  --定义信号 sum 和 carry 的表达式
      carry <= (a AND b) OR (b AND c) OR (a AND c);
END adder;                                   --结构体定义结束
```

注意：结构体名由设计者根据标识符规则自由命名。

2.2.3 VHDL 语言基本要素

1. 标识符（Identifiers）

标识符用来为常量、变量、信号、端口、子程序或参数等命名。由英文字母、数字、下划线组成，并必须遵守以下规则：

（1）标识符的第一个字符必须是字母。

（2）英文字母不区分大小写，也可大小写混用。

（3）最后一个字符不能是下划线，且不允许连续出现两个下划线。

（4）关键字（保留字）不能用作标识符。

(5)标识符最长可以是 32 个字符。

2. 关键字（Keyword）

关键字（保留字）是 VHDL 语言中具有特别意义的单词，只能用作固定的用途，用作标识符时会发生编译错误。VHDL 语言常用的关键字如表 2-3 所示。

表 2-3　VHDL 语言常用的关键字

ABS	ACCESS	AFTER	ALL	AND
ARCHITECTURE	ARRAY	ATTRIBUTE	BEGIN	BODY
BUFFER	BUS	CASE	COMPONENT	CONSTRANT
DISCONNET	DOWNTO	ELSE	ELSIF	END
ENTITY	EXIT	FILE	FOR	FUNCTION
GENERATE	GROUP	IF	IMPURE	IN
INOUT	IS	LABEL	LIBRARY	LINKAGE
LOOP	MAP	MOD	NAND	NEW
NEXT	NOR	NOT	OF	ON
OPEN	OR	OTHERS	OUT	PACKAGE
POUT	PROCESS	PROCEDURE	PURE	RANGE
RECORD	REJECT	REM	ROPORT	ROL
ROR	SELECT	SHARED	SIGNAL	SLA
SLL	SRA	SUBTYPE	THEN	TRANSPORT
TO	TYPE	UNAFFECTED	UNITS	UNTIL
USE	VARIABLE	WAIT	WHEN	WHILE
WITH	XOR	XNOR		

3. 数据对象（Data Objects）

VHDL 的数据对象主要有常量、变量、信号三种类型，必须"先说明，后使用"。VHDL 语言中的数据对象如表 2-4 所示。

表 2-4　VHDL 语言中的数据对象

名称	含义	说明一般格式	有关规定
常量 （Constants）	固定不变的值	CONSTANT 常量名［，常量名］： 数据类型［：=设置值］；	由常量说明来赋值，并且只能赋值一次。 有效范围由被定义的位置决定，并从被定义的位置开始

续表

名称	含义	说明一般格式	有关规定
变量 （Variables）	用来存储中间数据，以便实现存储的算法	VARIABLE 变量名［，变量名］：数据类型［：=设置值］；	只能在进程语句、函数语句和过程语句中使用，并且只能局部有效。 它的赋值是直接的，分配给变量的值立即成为当前值，无任何延迟时间，变量不能表达"连线"或存储元件。 采用":="符号赋值
信号 （Signals）	可将其理解为连接线，端口也是一种信号。它可作为中间部分，将不能直接相连的端口连接在一起，也可用于在实体间传递数据	SIGNAL 信号名：数据类型［：=设置值］；	信号通常在实体、结构体和程序包中加以说明，它的赋值存在延迟。 用"〈=" 符号进行赋值

在实际使用中，应注意变量与信号的区别。虽然 VHDL 仿真器允许变量和信号设置初始值，但 VHDL 综合器并不会把这些信息综合进去。这是因为实际的 PLD 芯片上电后，并不能确保其初始状态的取向，因此对于时序仿真来说，设置的初始值在综合时是没有实际意义的。

4. 数据类型（Ddtd Types）

VHDL 有多种数据类型，要求设计中出现的每一个量都必须有确定的数据类型。VHDL 的数据类型可分为四大类：标量型、复合型、寻址型、文件型。这 4 个类型中的每一个又包括许多种类型，如表 2-5 所示。

表 2-5 数据类型

名称	含义	种类	有关规定
标量型 （Scalar Type）	在某一时刻只对应一个值，常用来描述单值数据对象	整型 （integer）	适用的操作符有 +、-、*、/等； 例：singnal a, b, c, d: integer; A <= 123; b <= x"16"; c <= b"1011"; d <= o"17"; --b、c、d 赋值时使用了库指定符。库指定符 b、o、x 分别代表二进制、八进制、十六进制数
		实型 （real）	适合实数； 通常综合工具不支持实型，因为运算需要的资源量大
		枚举型 （enumerated）	所谓枚举就是一个一个地列出来
		物理型 （时间型，time）	用来描述硬件的一些重要物理特征，常用于测试单元；VHDL 语言中唯一预定义的物理型是时间：fs、ps、ns、μs、ms、sec、min、hr

续表

名称	含义	种类	有关规定
复合型（Composite Type）	在某一时刻可以有多个值	数组型（array）	由一个或多个相同类型的元素集合构成，其元素可是任何单值数据类型，元素可由数组下标访问，下标起始为 0。元素排列可升序（to）和降序（downto）排列
		记录型（record）	由多个不同类型的元素集合而成；记录中的每个元素可由其字段名访问
寻址型	类似于 C 语言中的指针		略
文件型	常用于测试平台		略

在 VHDL 语言中，数据类型是相当严格的，不同类型的数据是不能进行运算和直接代入的，因此必须对数据进行相应的类型转换。类型变换函数通常由 VHDL 语言的程序包提供，如表 2-6 所示。

表 2-6 数据类型变换函数

程序包	函数名	功能
STD_LOGIC_1164	TO_STD_LOGIC_VECTOR（A） TO_BIT_VECTOR（A） TO_STD_LOGIC（A） TO_BIT（A）	由 Bit_Vector 转换成 Std_Logic_Vector； 由 Std_Logic_Vector 转换成 Bit_Vector； 由 Bit 转换成 Std_Logic； 由 Std_Logic 转换成 Bit
STD_LOGIC_ARITH	CONV_STD_LOGIC_VECTOR（A，位长） CONV_INTEGER（A）	由 Integer、Unsigned、Signed 转换成 Std_Logic_Vector； 由 Unsigned、Signed 转换成 Integer
STD_LOGIC_UNSIGNED	CONV_INTEGER（A）	由 Std_Logic_Vector 转换成 Integer

5. 运算符

VHDL 语言定义了丰富的运算操作符，主要有关系运算符、算术运算符、逻辑运算符、赋值运算符、关联运算符和其他运算符等，如表 2-7 所示。

表 2-7 VHDL 的各种运算操作符

名称	符号	说明	适用的操作数据类型
算术操作	+	加	整数
	-	减	整数
	*	乘	一维数组
	/	除	整数、实数
	Mod	取模	整数
	Rem	求余	整数

续表

名称	符号	说明	适用的操作数据类型
算术操作	Sll	逻辑左移	bit 或布尔型一维数组
	Srl	逻辑右移	bit 或布尔型一维数组
	Sla	算术左移	bit 或布尔型一维数组
	Sra	算术右移	bit 或布尔型一维数组
	Rol	逻辑循环左移	bit 或布尔型一维数组
	Ror	逻辑循环右移	bit 或布尔型一维数组
	**	乘方	整数
	Abs	取绝对值	整数
关系操作	=	相等	任何数据类型
	/=	不相等	任何数据类型
	<	小于	枚举与整数类型，对应的一维数组
	>	大于	枚举与整数类型，对应的一维数组
	<=	小于等于	枚举与整数类型，对应的一维数组
	>=	大于等于	枚举与整数类型，对应的一维数组
逻辑操作	And	与	bit, boolean, std_logic
	Or	或	bit, boolean, std_logic
	Not	非	bit, boolean, std_logic
	Nand	与非	bit, boolean, std_logic
	Nor	或非	bit, boolean, std_logic
	Xnor	同或	bit, boolean, std_logic
	Xor	异或	bit, boolean, std_logic
赋值操作	<=	信号赋值	信号（注意，同一符号有两种不同的含义）
	:=	变量赋值	变量
关联操作	=>	等效于	信号（注意，同一符号有两种不同的含义）
其他操作	+	正	整数（注意，同一符号有两种不同的含义）
	-	负	整数（注意，同一符号有两种不同的含义）
	&	连接	一维数组

在所有的运算符中，乘方（**）、取绝对值（abs）和非（not）的优先级最高，其次

是乘、除、取模、求余,然后依次是正负号、连接符、移位运算符、关系运算符、逻辑运算符。

注意:矢量赋值用双引号,单比特常量用单引号。

6. 属性(Attributes)

属性是关于实体、结构体、类型、信号等的特性。一个对象可以同时具有多个属性,利用属性可以使程序更加简明。

属性的一般格式为

项目名'属性标识符

VHDL语言预定义了大量可供用户使用的属性,如表2-8所示。

表2-8 几种常用属性

分类	属性名称	举例
信号类	'event	例:信号clk(std_logic类型)的'event属性 clk'event and clk='1' -- 检测时钟上升沿有效 clk'event and clk='0' -- 检测时钟下降沿有效 VHDL语言还预定义了两个函数也可用来检测信号的变化状态 rising_edge(clk) -- 检测时钟上升沿有效 falling_edge(clk) -- 检测时钟下降沿有效
数组类	'length	例:若对某数组变量定义为 variable byte:bit_vector(3 downto 0); 则变量byte的相关属性如下: byte'length 值为4 byte'left 值为3 byte'right 值为0 byte'low 值为0 byte'high 值为3 byte'range 值的范围3 downto 0 byte'reverse_range 值的范围0 to 3
数值类	'left	
数值类	'right	
数值类	'low	
数值类	'high	
范围类	'range	
范围类	'reverse_range	

2.2.4 VHDL 的并行语句

VHDL语句用来描述系统内部硬件结构、动作行为及信号间的基本逻辑关系。VHDL程序主要有两类常用语句、并行语句和顺序语句。

并行语句又称为并发语句,即各种并行语句在结构体中是同时并发执行的,其执行顺序和书写顺序没有任何关系。VHDL语言中的基本并行语句常用的主要有并行信号赋值语句、条件信号赋值语句、选择信号赋值语句等。

1. 并行信号赋值（Concurrent Signal Assignment）语句

赋值语句又称为代入语句，其语句的一般格式为

```
赋值对象 <= 表达式；
```

例如，Y <= A NOR(B NAND C)；

2. 条件信号赋值（Conditional Signal Assignment）语句

条件信号赋值语句（WHEN – ELSE）可根据不同条件将多个表达式之一的值赋给信号量。其一般格式为

```
信号量 <= 表达式 1    WHEN    条件 1    ELSE
        表达式 2    WHEN    条件 2    ELSE
        ⋮
        表达式 N-1  WHEN    条件 N-1  ELSE
        表达式 N；
```

若满足条件，则表达式的结果赋给信号量，否则，再判断下一个表达式所指定的条件。

例 2.1.3 用 WHEN – ELSE 语句描述 4 选 1 数据选择器如下：

```
LIBRARY IEEE;                            -- 选用 IEEE 标准库
USE IEEE.STD_LOGIC_1164.ALL;             -- 使用 STD_LOGIC_1164 程序包
ENTITY mux4_1 IS                         -- 定义 mux4_1 实体
  PORT(a,b,c,d:IN STD_LOGIC;             -- 定义输入/输出端口及类型
       s:IN STD_LOGIC_VECTOR(1 DOWNTO 0);
       y:OUT STD_LOGIC);
END mux4_1;
ARCHITECTURE ee OF mux4_1 IS             -- 定义结构体
BEGIN
  y <= a WHEN s = "00" ELSE              -- 描述输入/输出端口逻辑关系
       b WHEN s = "01" ELSE
       c WHEN s = "10" ELSE
       d;
END ee;
```

3. 选择信号赋值（Selective Signal Assignment）语句

选择信号赋值语句（WITH – SELECT – WHEN）的一般格式为

```
WITH 选择表达式 SELECT
信号量 <= 表达式 1    WHEN    选择值 1,
         表达式 2    WHEN    选择值 2,
         ⋮
         表达式 N    WHEN    选择值 N;
```

条件信号赋值语句的信号量根据选择表达式的当前值而赋值，选择表达式的所有值必须被列在 WHEN 从句中，并且相互独立。

例 2.1.4 用 WITH – SELECT – WHEN 语句描述 4 选 1 数据选择器如下：

```
LIBRARY IEEE;
USE IEEE.STD_LOGIC_1164.ALL;
ENTITY mux4_1 IS
  PORT(a,b,c,d:IN STD_LOGIC;
       s:IN STD_LOGIC_VECTOR(1 DOWNTO 0);
       y:OUT STD_LOGIC
       );
END mux4_1;
ARCHITECTURE ee OF mux4_1 IS
BEGIN
    WITH s SELECT
    y <= a WHEN "00",
         b WHEN "01",
         c WHEN "10",
         d WHEN OTHERS;
END ee;
```

这里 OTHERS 代替了除 00、01、10 元件的其他各种组合。

2.3　3-8 线译码器 VHDL 设计

2.3.1　项目分析

3-8 线译码器是数字电路中较为常见的一种组合逻辑电路，即可以通过前面学习的原理图输入方式设计实现，也可以用硬件描述语言 VHDL 来实现，对于复杂的电路用硬件描述语言来实现效率更高，设计也会变得更容易。在后面的电路设计中，我们大多用 VHDL 来实现电路设计。本项目设计的电路可以通过 3 个拨码开关和 8 个 LED 灯来进行硬件功能验证。表 2-9 所示为 3-8 线译码器真值表。

表 2-9　3-8 线译码器真值表

译码器输入			译码器输出（高电平效）							
A_2	A_1	A_0	Y_7	Y_6	Y_5	Y_4	Y_3	Y_2	Y_1	Y_0
0	0	0	0	0	0	0	0	0	0	1
0	0	1	0	0	0	0	0	0	1	0
0	1	0	0	0	0	0	0	1	0	0
0	1	1	0	0	0	0	1	0	0	0
1	0	0	0	0	0	1	0	0	0	0
1	0	1	0	0	1	0	0	0	0	0
1	1	0	0	1	0	0	0	0	0	0
1	1	1	1	0	0	0	0	0	0	0

3-8线译码器电路图如图2-2所示。

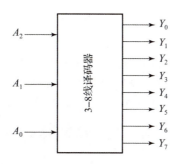

图2-2　3-8线译码器电路图

2.3.2　项目设计

用VHDL并行语句设计3-8线译码器，程序如下：

```
LIBRARY IEEE;                                    --库包定义
USE IEEE.STD_LOGIC_1164.ALL;
ENTITY decoder3_8 IS                             --实体定义
PORT(A2,A1,A0:IN STD_LOGIC;                      --3个一位标准逻辑输入变量
     Y:OUT STD_LOGIC_VECTOR(7 DOWNTO 0));        --1个八位标准逻辑输出变量
END decoder3_8;
ARCHITECTURE struct OF decoder3_8 IS             --结构体定义
SIGNAL indata:STD_LOGIC_VECTOR(2 DOWNTO 0);      --定义1个三位标准逻辑信号
BEGIN
   indata <= A2&A1&A0;                           --把3个一位的输入信号并接组合成三位赋
                                                   值给中间信号indata

   WITH indata SELECT                            --选择信号赋值语句
   y <= "00000001" WHEN "000",
        "00000010" WHEN "001",
        "00000100" WHEN "010",
        "00001000" WHEN "011",
        "00010000" WHEN "100",
        "00100000" WHEN "101",
        "01000000" WHEN "110",
        "10000000" WHEN "111",
        "ZZZZZZZZ" WHEN OTHERS;                  --当indata出现000~111外的其他组合
                                                   时输出为高阻状态

END struct;
```

2.3.3 项目实施

1. 创建工程

VHDL 硬件描述语言的工程创建与原理图输入的工程创建是一样的,先建好项目文件夹,启动新建项目向导,在对话框中分别输入项目文件夹、项目名和顶层设计实体名,选择芯片型号,最后单击"Finish"完成工程项目的建立,如图 2-3 所示。

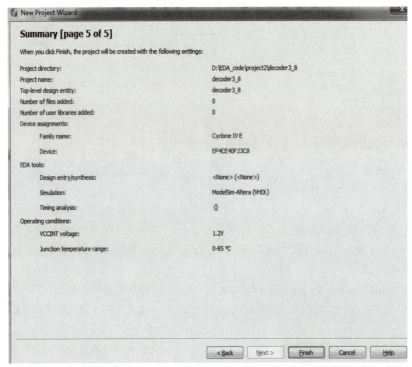

图 2-3 完成工程项目建立

2. 编辑 VHDL 设计文件

1)建立 VHDL 设计文件

创建好工程项目以后,选择"File"→"New"菜单,在弹出的新建文件对话框中选择"VHDL File",如图 2-4 所示。

2)编辑文本文件

在文本编辑中,可以直接输入程序,也可以利用 Quartus Ⅱ 软件提供的模板进行语法结构的输入,方法如下:

将鼠标放在要插入模板的文本行,单击鼠标右键,在下拉菜单中选择"Insert Template…"项,弹出如图 2-5 所示的插入模板对话框,在其中选择需要插入的文本结构。

图 2-4 新建设计文件选择对话框

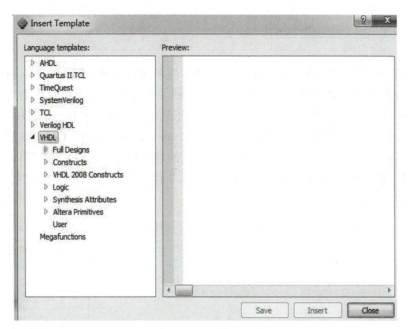

图 2-5　插入模板对话框

3）保存文本设计文件

将编辑好的 VHDL 语言文件保存时扩展名一定是 .vhd。

3. 编译与仿真

编译与仿真的过程与原理图输入方式相同，3-8 线译码器编译成功后进行功能仿真，其仿真波形如图 2-6 所示。

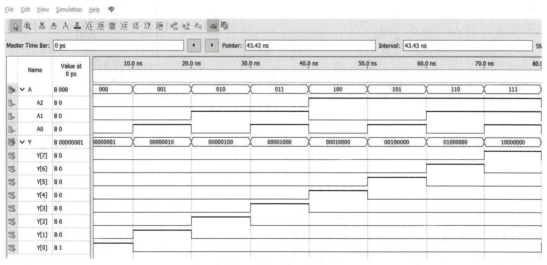

图 2-6　3-8 线译码器仿真波形

4. 编程下载与硬件测试

仿真结果正确后，可以分配引脚，重新编译生成下载文件，下载到 EDA 开发板上，用 3 个拨码开关作为输入，8 个 LED 灯作为输出，验证 3-8 线译码器是否正常译码。

2.3.4 RTL 图观察器应用

Quartus Ⅱ可实现硬件描述语言或网表文件对应的 RTL（Register Transfer Level 寄存器传输级）电路图生成，通过 RTL 图观察器可了解硬件描述语言逻辑综合后对应各层次的电路结构。选择 "Tool => Netlist Viewer" 命令，在出现的下拉菜单中有三个选项：RTL Viewer（HDL 的 RTL 级图形观察器）、Technology Map Viewer（HDL 对应的 FPGA 底层门级布局观察器）、State Machine Viewer（HDL 对应的状态机的状态图观察器）。选择第一项，可以打开工程的 RTL 电路图，如图 2-7 所示，双击图形中有关模块或选择左侧各项，还可逐层了解各层次的电路结构。

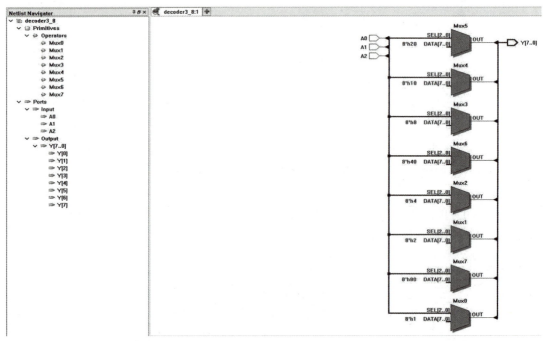

图 2-7 RTL 图

2.4 总结与思考

1. 项目总结

（1）3-8 线译码器既可以采用原理图设计输入也可以采用 VHDL 语言设计输入，VHDL 语言输入的效率更高，尤其当电路越复杂时其优势越明显。

（2）Quartus Ⅱ VHDL 语言设计的主要步骤包括新建工程、建立编辑 VHDL 设计文件、项目编译、项目仿真、器件编程、硬件测试等。

（3）可在原设计基础上加入一个使能端，用来指示是否将当前的输入进行有效的译码，当使能端指示输入信号无效或不用对当前信号进行译码时，输出端全为高电平，表示无任何信号。本例设计中没有考虑使能输入端,读者设计时可以考虑加入使能输入端。

2. 思考内容

(1) VHDL 语言中变量与信号的区别。

(2) 位(bit)类型与 STD_LOGIC 类型有什么区别?

(3) VHDL 语言中顺序执行语句与并行执行语句的差异有哪些?

(4) VHDL 并行信号赋值语句、选择信号赋值语句和条件信号赋值语句使用效果有何不同?

3. 扩展知识

小米科技创始人、董事长兼首席执行官雷军年轻的时候,也是一名程序员,他大学时编写的代码,如今还被人津津乐道,被称赞像诗一样优美,还被写入了教科书,他曾说,编程是一种艺术,应对心爱的代码视为珍宝。

可编程逻辑器件的设计流程包括原理图和硬件描述语言设计输入、项目编译、项目仿真、引脚分配、编程下载和硬件测试等环节,对于不同的设计项目,除设计输入外,其他环节的操作基本相同,因此即使是硬件电路的设计,最终还是体现到软件的编程上,认真对待每一次的代码编写,即要能实现设计功能,也要美观易读,在平时的训练中要不断提高自己的代码编写能力,同时要注意培养自己良好的编程习惯,例如,我们在 VHDL 语言书写时,最顶层的 LIBRARY、ENTITY、END ENTITY 实体描述语句放在最左侧;比它低一层次的描述语句,如 PORT 语句,向右移一个 Tab 键的距离,同一语句的关键词要对齐,如 ENTITY 和 END ENTITY 等,只有按照设计规范编写代码,才会让编写出的代码条理清晰、简洁美观,更具可阅性。

尽管 VHDL 程序书写格式要求十分宽松,可以在一行写多条语句,也可分行书写,但良好规范的 VHDL 源程序书写习惯是高效的电路设计者所必备的技能,规范的书写格式可以使自己或别人更容易阅读和检查错误。同时代码注释应该表述清晰,为方便自己学习和别人的阅读,要有保持代码和注释同步的责任,这需要我们在学习和生活中不断努力培养严谨的工匠精神和爱岗敬业的优秀品质。

2.5 基础训练任务

基础训练任务内容的难度和项目二以及理论部分学习中的例题相当,通过基础训练部分的练习可加深对课程内容的理解,培养编程能力,学会 Quartus Ⅱ 软件使用 VHDL 设计输入的方法和并行语句编程的能力。

2.5.1 任务1:交通灯故障报警电路设计

1. 任务目标

(1) 熟悉 Quartus Ⅱ 软件的使用流程。
(2) 熟悉 VHDL 语言逻辑运算符输入方法。
(3) 能够通过波形分析和器件下载验证电路性能。

交通灯故障报警电路

2. 任务原理

每一组交通信号灯由红、黄、绿三盏灯组成,正常情况下,任何时刻只能有一盏灯点亮,而出现其他状态时均认为出现故障,需发出故障信号。输入变量有三个,分别为 R(红灯)、Y(黄灯)、G(绿灯),输出变量为 Z(故障),发生故障时,输出为高电平。其真值表如表 2-10 所示。

表 2-10 交通灯故障真值表

数据输入			数据输出
R	Y	G	Z
0	0	0	1
0	0	1	0
0	1	0	0
0	1	1	1
1	0	0	0
1	0	1	1
1	1	0	1
1	1	1	1

根据真值表写出交通故障灯的逻辑表达式并化简:

$$Z = YG + RG + RY + \overline{R}\,\overline{Y}\,\overline{G}$$

我们利用 VHDL 语言逻辑运算符来实现该电路的设计。

3. 任务设计

```
LIBRARY IEEE;                              --库包定义
USE IEEE.STD_LOGIC_1164.ALL;
ENTITY lightfault IS                       --实体定义
PORT(R,Y,G:IN STD_LOGIC;                   --输入/输出端口类型定义
     Z:OUT STD_LOGIC);
END lightfault;
ARCHITECTURE abc OF lightfault IS          --结构体定义
BEGIN                                      --定义逻辑表达式
Z <= (Y AND G) OR (R AND G) OR ( R AND Y) OR((NOT R) AND (NOT Y)AND(NOT G)) ;
END abc;
```

4. 任务实施

VHDL 语言输入后，进行项目编译，编译无误后进行仿真，结果正确后，可以分配引脚，重新编译生成下载文件，下载到 EDA 开发板上，用 3 个拨码开关作为输入，1 个 LED 灯作为输出，拨动开关看 LED 显示是否符合交通灯故障报警电路的设计要求。

2.5.2 任务2：二输入与非门的设计

1. 任务目标

（1）熟悉 Quartus Ⅱ 软件的使用流程。
（2）熟悉 VHDL 语言并行语句输入方法。
（3）能够通过波形分析和器件下载验证电路性能。

二输入与非门

2. 任务原理

二输入与非门是属于基本数字逻辑电路，可以参考上节内容利用逻辑运算符（AND、OR、NOT、NAND、NOR、XOR）来实现，也可以利用 VHDL 并行语句实现，我们选择 VHDL 语言的并行语句。二输入与非门真值表如表 2 – 11 所示。

表 2 – 11　二输入与非门真值表

数据输入		数据输出
A	B	Y
0	0	1
0	1	1
1	0	1
1	1	0

3. 任务设计

结合二输入与非门的真值表和逻辑功能，并参考 3 – 8 线译码器的设计程序，补全二输入与非门的 VHDL 语言程序内容。

```
LIBRARY IEEE;
USE IEEE.STD_LOGIC_1164.ALL;
ENTITY twoinput_nand IS
PORT(A,B:IN STD_LOGIC;
     Y:_____);                    -- 定义输出端口及类型
END twoinput_nand;
ARCHITECTURE struct OF twoinput_nand IS
SIGNAL indata:STD_LOGIC_VECTOR(__DOWNTO__);   -- 定义中间信号类型及位数
BEGIN
  indata <= _____;                -- 把输入端口信号并接后赋值给中间信号
  WITH indata SELECT               -- 选择赋值语句描述电路逻辑功能
  y <= '1' WHEN "00",
       ___ WHEN "01",
       '1' WHEN ___,
       ___ WHEN ___,
       'Z' WHEN OTHERS;
  END struct;
```

4. 任务实施

VHDL 语言输入后进行项目编译，编译无误后进行仿真，结果正确后可以分配引脚，重新编译生成下载文件，下载到 EDA 开发板上，用 2 个拨码开关作为输入，1 个 LED 灯作为输出，拨动开关验证 LED 灯的显示是否符合二输入与非门的逻辑功能。

5. 二输入与非门技能考核（表 2-12）

表 2-12　二输入与非门技能考核

学号		姓名		小组成员	
安全评价	违反用电安全规定、故意损坏仪器，无成绩		总评成绩		
素质评价	1. 职业素养：遵守职业规范和操作要求，注意用电安全，仪器设备使用完毕后断电，并放于指定位置。 2. 劳动素养：实践结束后，能整理清洁好工作台面，桌椅摆放整齐，保持良好学习环境。 3. 合作意识：小组成员之间互帮互助，具有团队协作精神			学生自评（2分）	
				小组互评（2分）	
				教师考评（6分）	
				素质总评	
知识评价	1. 熟悉 Quartus Ⅱ 软件的使用。 2. 掌握 VHDL 语言输入方法。 3. 掌握基本逻辑门电路设计原理。 4. 掌握 VHDL 语言并行语句设计方法			学生自评（10分）	
				教师考评（20分）	
				知识总评	
能力评价	1. 能补全程序中的空白内容。 2. 能用 VHDL 并行语句设计电路功能。 3. 能正确进行电路编译仿真。 4. 能正确进行设计电路的下载和验证			学生自评（10分）	
				小组互评（10分）	
				教师考评（40分）	
				能力总评	

2.5.3 任务3：数据编码器的设计

1. 任务目标

（1）熟悉 Quartus Ⅱ 软件的使用流程。
（2）进一步熟悉 VHDL 并行语句输入方法。
（3）能够通过波形分析和器件下载验证电路性能。

数据编码器

2. 任务原理

在数字电路中，将某些具有特定含义的信号变成代码，这个过程称为编码。编码器和译码器相对应，分为普通编码器及优先编码器。与 3-8 线译码器相对应的是 8-3 线普通编码器，有 8 个输入引脚，3 个编码输出引脚，输出端某一时刻只能对一个输入信号编码。请补全表 2-13 所示 8-3 线数据编码器真值表的内容。

表 2-13 8-3 线数据编码器真值表

数据输入								数据输出		
h	g	f	e	d	c	b	a	$Out2$	$Out1$	$Out0$
0	0	0	0	0	0	0	1	0	0	0
0	0	0	0	0	0	1	0	0	0	1
1	0	0	0	0	0	0	0	1	1	1

8-3 线数据编码器电路如图 2-8 所示。

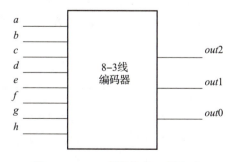

图 2-8 8-3 线数据编码器电路

3. 任务设计

结合真值表和电路图,并参考 3-8 线译码器的设计程序,补全 8-3 线数据编码器的 VHDL 语言程序内容。

```
LIBRARY IEEE;                                         --库包定义
USE IEEE.STD_LOGIC_1164.ALL;
ENTITY encoder83 IS                                   --实体定义
PORT(a,b,c,d,e,f,g,h:IN STD_LOGIC;
     out0,out1,out2:OUT STD_LOGIC);
END encoder83;
ARCHITECTURE abc OF encoder83 IS                      --结构体定义
SIGNAL outvec :STD_LOGIC_VECTOR(2 DOWNTO 0);          --定义一个三位中间信号
SIGNAL indata :STD_LOGIC_VECTOR(7 DOWNTO 0);          --定义一个八位中间信号
 BEGIN
  indata <= h&g&f&e&d&c&b&a;                          --输入信号并接成八位赋值给信号 indata
  WITH indata SELECT                                  --选择信号赋值语句定义数据编码器逻辑功能
  outvec <= "000" WHEN "00000001",
            "001" WHEN _____,
            _____ WHEN "00000100",
            _____ WHEN _____,
            "100" WHEN "00001000",
            "101" WHEN _____,
            _____ WHEN "01000000",
            _____ WHEN _____,
            "ZZZ" WHEN OTHERS;
  out0 <= outvec(0);                                  -- 中间信号的第 0 位赋值给输出信号 out0
  out1 <= outvec(1);                                  -- 中间信号的第 1 位赋值给输出信号 out1
  out2 <= outvec(2);                                  -- 中间信号的第 2 位赋值给输出信号 out2
END abc;
```

4. 任务实施

VHDL 语言输入后进行项目编译,编译无误后进行仿真,结果正确后可以分配引脚,重新编译生成下载文件,下载到 EDA 开发板上,用 8 个拨码开关作为输入,3 个 LED 作为编码输出,拨动开关看 LED 显示是否符合 8-3 线编码器电路功能。

5. 数据编码器技能考核(表 2-14)

表 2-14 数据编码器技能考核

学号		姓名		小组成员	
安全评价	违反用电安全规定、故意损坏仪器,无成绩		总评成绩		

续表

素质评价	1. 职业素养：遵守职业规范和操作要求，注意用电安全，仪器设备使用完毕后断电，并放于指定位置。 2. 劳动素养：实践结束后，能整理清洁好工作台面，桌椅摆放整齐，保持良好学习环境。 3. 合作意识：小组成员之间互帮互助，具有团队协作精神	学生自评 （2分）	
		小组互评 （2分）	
		教师考评 （6分）	
		素质总评	
知识评价	1. 熟悉 Quartus Ⅱ 软件的使用。 2. 掌握 VHDL 语言输入方法。 3. 掌握数据编码器电路设计原理。 4. 掌握 VHDL 语言并行语句设计方法	学生自评 （10分）	
		教师考评 （20分）	
		知识总评	
能力评价	1. 能设计数据编码器电路。 2. 能用 VHDL 并行语句设计电路功能。 3. 能正确进行电路编译仿真。 4. 能正确进行设计电路的下载和验证	学生自评 （10分）	
		小组互评 （10分）	
		教师考评 （40分）	
		能力总评	

2.5.4 任务4：数码管显示译码器的设计

1. 任务目标

（1）熟悉 Quartus Ⅱ 软件的使用流程。
（2）进一步熟悉 VHDL 并行语句输入方法。
（3）能够通过波形分析和器件下载验证电路性能。

数码管显示译码器

2. 任务原理

数码管显示译码器属于组合逻辑电路，有 4 个 BCD 码输入引脚，7 段显示译码输出，可直接连接到数码管的码段上静态显示，表 2-15 所示为其真值表。

表 2-15　4-7 段数码管（共阴极）显示译码器真值表

输入端	输出端	数码管显示值
BCD 码	$gfedcba$	
0000	0111111	0
0001	0000110	1
0010	1011011	2
0011	1001111	3
0100	1100110	4
0101	1101101	5
0110	1111101	6
0111	0000111	7
1000	1111111	8
1001	1101111	9

4-7 段数码管显示译码器电路图如图 2-9 所示。

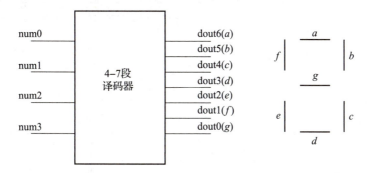

图 2-9　4-7 段数码管显示译码器电路图

3. 任务设计

结合真值表和电路图，并参考 3－8 线译码器的设计程序，补全 4－7 段数码管显示译码器的 VHDL 语言程序内容。

```
LIBRARY IEEE;                                    --库包定义
USE IEEE.STD_LOGIC_1164.ALL;
ENTITY dec_led IS                                --实体定义
PORT(num:IN STD_LOGIC_VECTOR(3 DOWNTO 0);        --定义1个四位输入端口信号
     dout:_____);
END dec_led;
ARCHITECTURE abc OF dec_led IS                   --结构体定义
BEGIN
    WITH num SELECT              --选择信号赋值语句描述数码管显示译码器功能
  dout <= _____ WHEN "0000",
       "0000110" WHEN "0001",
       "1011011" WHEN _____,
       _____ WHEN _____,
       "1100110" WHEN "0100",
       "1101101" WHEN "0101",
       _____ WHEN "0110",
       _____ WHEN "0111",
       "1111111" WHEN _____,
       "1101111" WHEN _____,
       "ZZZZZZZ" WHEN OTHERS;
END abc;
```

4. 任务实施

VHDL 语言输入后进行项目编译，编译无误后进行仿真，4－7 段数码管显示译码器仿真波形如图 2－10 所示，结果正确后可以分配引脚，重新编译生成下载文件，下载到 EDA 开发板上，用 4 个拨码开关作为输入，7 个译码输出可连接共阴极数码管，拨动开关查看数码管静态显示十进制数是否正确。

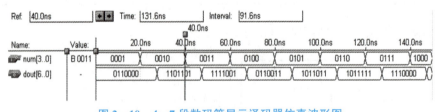

图 2－10　4－7 段数码管显示译码器仿真波形图

5. 4－7 段数码管显示译码器技能考核（表 2－16）

表 2－16　4－7 段数码管显示译码器技能考核

学号		姓名		小组成员	
安全评价	违反用电安全规定、故意损坏仪器，无成绩		总评成绩		

续表

评价项	内容	评价方式	得分
素质评价	1. 职业素养：遵守职业规范和操作要求，注意用电安全，仪器设备使用完毕后断电，并放于指定位置。 2. 劳动素养：实践结束后，能整理清洁好工作台面，桌椅摆放整齐，保持良好学习环境。 3. 合作意识：小组成员之间互帮互助，具有团队协作精神	学生自评（2分）	
		小组互评（2分）	
		教师考评（6分）	
		素质总评	
知识评价	1. 熟悉 Quartus Ⅱ 软件的使用。 2. 掌握 VHDL 语言输入方法。 3. 掌握数码管显示电路设计原理。 4. 掌握 VHDL 语言并行语句设计方法	学生自评（10分）	
		教师考评（20分）	
		知识总评	
能力评价	1. 能设计数码管显示译码器电路。 2. 能用 VHDL 并行语句设计电路功能。 3. 能正确进行电路编译仿真。 4. 能正确进行设计电路的下载和验证	学生自评（10分）	
		小组互评（10分）	
		教师考评（40分）	
		能力总评	

2.6 拓展训练任务

拓展训练任务内容和基础训练相比难度有一定的提升,顺利完成基础任务的练习后,再进行拓展任务的训练,会进一步加深对使用 VHDL 语言并行语句设计输入方法的理解,这部分内容可根据自己的实际情况选择练习。

2.6.1 任务1:格雷码编码器的设计

1. 任务目标

(1) 熟悉 Quartus Ⅱ 软件的 VHDL 设计输入。
(2) 掌握 VHDL 并行语句,用逻辑运算符设计电路。
(3) 能够通过波形分析和器件下载验证电路性能。

格雷码编码器

2. 任务原理

格雷(Gray)码是一种可靠性编码,在数字系统中有着广泛的应用。其特点是任意两个相邻的代码中仅有一位二进制数不同,因而在数码的递增和递减运算过程中不易出现差错。格雷码与二进制码之间的逻辑关系,其转换规律为:高位同,从高到低看异同,异出"1",同出"0"。也就是将二进制码转换成格雷码时,高位是完全相同的,下一位格雷码是"1"还是"0",完全是由相邻两位二进制码的"异"还是"同"来决定。

假如要把二进制码 10110110 转换成格雷码,则可以通过下面的方法来完成,如图 2-11 所示。

图 2-11 格雷码变换示意图

因此,变换出来的格雷码为 11101101。

3. 任务设计

设计电路要求完成 12 位二进制码到 12 位格雷码的变换,根据格雷码的变化规律,利用 VHDL 语言异或逻辑运算符来实现该电路的设计。

```
library ieee;                          --库包定义
use ieee.std_logic_1164.all;
entity gray is                         --实体及12位输入/输出端口信号定义
  port( K1,K2,K3,K4,K5,K6,K7,K8,k9,K10,K11,K12: in  std_logic;
        D1,D2,D3,D4,D5,D6,D7,D8,D9,D10,D11,D12: out std_logic );
```

```
end gray;
architecture behave of gray is
    begin
        D1 <= K1;                   --输入／输出信号第 1 位相同
        D2 <= K1 xor K2;            --输出信号第 2 位等于输入信号第 1 位与第 2 位异或
        D3 <= K2 xor K3;
        D4 <= K3 xor K4;
        D5 <= K4 xor K5;
        D6 <= K5 xor K6;
        D7 <= K6 xor K7;
        D8 <= K7 xor K8;
        D9 <= K8 xor K9;
        D10 <= K9 xor K10;
        D11 <= K10 xor K11;
        D12 <= K11 xor K12;
end behave;
```

4. 任务实施

VHDL 语言输入后，进行项目编译，编译无误后进行仿真验证，结果正确后，可以分配引脚，重新编译生成下载文件，下载到 EDA 开发板上，当设计文件加载到目标器件后，用 12 位拨动开关 K1～K12 表示二进制输入，用 12 个发光二极管 LED1～LED12 表示转换的十二位格雷码，LED 亮表示对应的位为"1"，LED 灭表示对应的位为"0"。通过输入不同的值来观察输入的结果与电路设计的转换规则和自己的编程思想是否一致。

2.6.2 任务2：优先编码器的设计

1. 任务目标

（1）熟悉 Quartus Ⅱ 软件的 VHDL 设计输入。
（2）熟练掌握使用 VHDL 并行语句设计电路。
（3）能够通过波形分析和器件下载验证电路性能。

优先编码器

2. 任务原理

在数字电路中，编码器分为普通编码器及优先编码器。8-3 线优先编码器电路的 8 个输入引脚按优先级顺序依次进行编码，输入信号中 h 的优先级别最高，以此类推 a 的优先级别最低，8-3 线优先编码器真值表如表 2-17 所示。

表 2-17 8-3 线优先编码器真值表

数据输入								数据输出		
h	g	f	e	d	c	b	a	$out2$	$out1$	$out0$
0	0	0	0	0	0	0	1	0	0	0
0	0	0	0	0	0	1	X	0	0	1
h	g	f	e	d	c	b	a	$out2$	$out1$	$out0$
0	0	0	0	0	1	X	X	0	1	0
0	0	0	0	1	X	X	X	0	1	1
0	0	0	1	X	X	X	X	1	0	0
0	0	1	X	X	X	X	X	1	0	1
0	1	X	X	X	X	X	X	1	1	0
1	X	X	X	X	X	X	X	1	1	1

3. 任务设计

结合真值表和电路图，并参考 3-8 线译码器的设计程序，补全 8-3 线优先编码器的 VHDL 语言程序内容。

```
LIBRARY IEEE;
USE IEEE.STD_LOGIC_1164.ALL;
ENTITY priencoder83 IS
PORT(a,b,c,d,e,f,g,h:IN STD_LOGIC;
      out0,out1,out2:OUT STD_LOGIC);
END pri encoder83;
ARCHITECTURE abc OF pri encoder83 IS
SIGNAL outvec:STD_LOGIC_VECTOR(2 DOWNTO 0);    --定义1个三位中间信号
```

```
BEGIN
    outvec <= _____ WHEN ___ ELSE      --用条件信号赋值语句描述优先级编码器
              _____ WHEN ___ ELSE
              _____ WHEN ___ ELSE
              _____ WHEN ___ ELSE
              _____ WHEN ___ ELSE
              _____ WHEN ___ ELSE
              _____ WHEN ___ ELSE
              "000" WHEN a = 1´ELSE
              "ZZZ";
    out0 <= outvec(0);
    out1 <= outvec(1);
    out2 <= outvec(2);
END abc;
```

4. 任务实施

VHDL 语言输入后进行项目编译，编译无误后进行仿真，结果正确后可以分配引脚，重新编译生成下载文件，下载到 EDA 开发板上，用 8 个拨码开关作为输入，3 个 LED 作为编码输出，拨动开关看 LED 显示是否符合 8-3 线优先编码器输出。

5. 优先编码器技能考核（表 2-18）

表 2-18　优先编码器技能考核

学号		姓名		小组成员	
安全评价	违反用电安全规定、故意损坏仪器，无成绩		总评成绩		
素质评价	1. 职业素养：遵守职业规范和操作要求，注意用电安全，仪器设备使用完毕后断电，并放于指定位置。 2. 劳动素养：实践结束后，能整理清洁好工作台面，桌椅摆放整齐，保持良好学习环境。 3. 合作意识：小组成员之间互帮互助，具有团队协作精神		学生自评（2分）		
			小组互评（2分）		
			教师考评（6分）		
			素质总评		
知识评价	1. 熟悉 Quartus Ⅱ 软件的使用。 2. 掌握 VHDL 语言输入方法。 3. 掌握优先编码器电路设计原理。 4. 掌握 VHDL 语言并行语句设计方法		学生自评（10分）		
			教师考评（20分）		
			知识总评		

续表

能力评价	1. 能设计优先编码器电路。 2. 能用 VHDL 并行语句实现电路功能。 3. 能正确进行电路编译仿真。 4. 能正确进行设计电路的下载和验证	学生自评 （10 分）	
		小组互评 （10 分）	
		教师考评 （40 分）	
		能力总评	

2.6.3 任务3：只读存储器的设计

1. 任务目标

（1）熟悉 Quartus Ⅱ 软件的 VHDL 设计输入。
（2）熟练掌握使用 VHDL 并行语句设计电路。
（3）能够通过波形分析和器件下载验证电路性能。

只读存储器

2. 任务原理

设计一个只读存储器电路，内部存储8组数据，每组数据为8位二进制数0~7，地址信号为 addr[2..0]，使能信号为 en（低电平有效）。其地址与所存储数据的关系如表2-19所示。

表2-19 只读存储器的地址与所存储数据的关系

输入	输出
Addr	rom_out
XXX	ZZZZZZZZ
000	00000000
001	00000001
010	00000010
011	00000011
100	00000100
101	00000101
110	00000110
111	00000111

3. 任务设计

只读存储器的功能表和3-8线译码器的真值表类似，因此可参考3-8线译码器的程序，利用并行选择信号赋值语句进行电路设计。

```
LIBRARY IEEE;
USE IEEE.STD_LOGIC_1164.ALL;
ENTITY rom_add IS
PORT(addr:IN STD_LOGIC_VECTOR(2 DOWNTO 0);
     rom_out :OUT STD_LOGIC_VECTOR(7 DOWNTO 0));
END rom_add;
ARCHITECTURE struct OF rom_add IS
BEGIN
  WITH addr SELECT
```

```
_____
_____
_____
_____
_____
_____
_____
_____
END struct;
```

4. 任务实施

VHDL 语言输入后进行项目编译，编译无误后进行仿真，结果正确后可以分配引脚，重新编译生成下载文件，下载到 EDA 开发板上，用 3 个拨码开关作为只读存储器地址的输入，8 个 LED 作为编码输出，拨动开关看 LED 显示是否符合电路的设计功能。

5. 只读存储器技能考核（表 2-20）

表 2-20　只读存储器技能考核

学号		姓名		小组成员	
安全评价	违反用电安全规定、故意损坏仪器，无成绩		总评成绩		
素质评价	1. 职业素养：遵守职业规范和操作要求，注意用电安全，仪器设备使用完毕后断电，并放于指定位置。 2. 劳动素养：实践结束后，能整理清洁好工作台面，桌椅摆放整齐，保持良好学习环境。 3. 合作意识：小组成员之间互帮互助，具有团队协作精神		学生自评（2分）		
			小组互评（2分）		
			教师考评（6分）		
			素质总评		
知识评价	1. 熟悉 Quartus Ⅱ 软件的使用。 2. 掌握 VHDL 语言输入方法。 3. 掌握只读存储器电路设计原理。 4. 掌握 VHDL 语言并行语句设计方法		学生自评（10分）		
			教师考评（20分）		
			知识总评		
能力评价	1. 能设计只读存储器电路。 2. 能用 VHDL 并行语句实现电路功能。 3. 能正确进行电路编译仿真。 4. 能正确进行设计电路的下载和验证		学生自评（10分）		
			小组互评（10分）		
			教师考评（40分）		
			能力总评		

2.6.4 任务4：八路数据选择器的设计

八位数据选择器

1. 任务目标
（1）熟悉 Quartus Ⅱ软件的 VHDL 设计输入。
（2）熟练掌握使用 VHDL 并行语句设计电路。
（3）能够通过波形分析和器件下载验证电路性能。

2. 任务原理
八路数据选择器电路，有 11 个输入端口，包括 8 个数据输入引脚、3 个输入选择引脚，1 个输出端口，根据输入选择引脚的不同组合分别选择相应的数据输入端口的信号传输到输出端口。电路设计可采用 VHDL 并行语句实现。

3. 任务设计
八路数据选择器电路原理与前面例题中的四选一数据选择器类似，可参考四选一数据选择器的程序设计过程，实现八路数据选择器的设计。

```
LIBRARY IEEE;
USE IEEE.STD_LOGIC_1164.ALL;
ENTITY mux8_1 IS
    _____
    _____
    _____
END mux8_1;
ARCHITECTURE ee OF mux8_1 IS
BEGIN
    _____
    _____
    _____
    _____
    _____
    _____
    _____
    _____
END ee;
```

4. 任务实施
VHDL 语言输入后进行项目编译，编译无误后进行仿真，结果正确后可以分配引脚，重新编译生成下载文件，下载到 EDA 开发板上，用 8 个拨码开关作为信号的输入，3 个拨码开关作为输入信号的选择端，1 个 LED 作为编码输出，拨动开关看 LED 显示是否符合电路的设计功能。

5. 八路选择器技能考核（表 2-21）

表 2-21　八路选择器技能考核

学号		姓名		小组成员	
安全评价	违反用电安全规定、故意损坏仪器，无成绩		总评成绩		
素质评价	1. 职业素养：遵守职业规范和操作要求，注意用电安全，仪器设备使用完毕后断电，并放于指定位置。 2. 劳动素养：实践结束后，能整理清洁好工作台面，桌椅摆放整齐，保持良好学习环境。 3. 合作意识：小组成员之间互帮互助，具有团队协作精神		学生自评（2分）		
			小组互评（2分）		
			教师考评（6分）		
			素质总评		
知识评价	1. 熟悉 Quartus Ⅱ 软件的使用。 2. 掌握 VHDL 语言输入方法。 3. 掌握八路选择器电路设计原理。 4. 掌握 VHDL 语言并行语句设计方法		学生自评（10分）		
			教师考评（20分）		
			知识总评		
能力评价	1. 能设计八路选择器电路。 2. 能用 VHDL 并行语句实现电路功能。 3. 能正确进行电路编译仿真。 4. 能正确进行设计电路的下载和验证。		学生自评（10分）		
			小组互评（10分）		
			教师考评（40分）		
			能力总评		

项目三

二进制加法计数器的设计

🎯 项目目标

1. 了解 VHDL 语言的结构特点。
2. 掌握 VHDL 语言的基本格式和规范。
3. 熟悉 Quartus Ⅱ 软件的 VHDL 文本输入。

二进制加法计数器的 VHDL 设计

🎯 项目任务

能使用 VHDL 语言的常用顺序语句设计电路。

🎯 职业能力

培养严谨的工作态度和团队合作沟通能力。

🎯 职业素养

智慧使人伟大，质疑、争论是科学发展的动力。

3.1　项目设计内容描述

二进制加法计数器是用来累计输入时钟脉冲个数的时序逻辑器件，是数字系统最常用的时序电路之一，它是其他进制计数器的基础，不仅可以计数，还可以对脉冲进行分频，以及构成时间分频器或时序发生器，此外还可以对数字系统进行定时、程序控制和数字运算等。

我们设计的二进制计数器是含异步清零、置位和同步置数、使能的加法计数器，其具体工作过程如下：

先检测复位信号是否有效，当复位信号起作用时，使计数值清零，再检测置位端是否有效，如有效，则计数器置位，在计数过程中继续进行检测和计数，在时钟上升沿的情况下，检测置数端是否有效，如置数端有效，则把输入端数据传输到输出端，检测使能端是否允许计数，如果允许计数则开始计数，否则一直检测使能端信号，通过异步清零、置位

99

和同步置数、使能来完成加法器的计数。

3.2 项目相关理论知识

3.2.1 VHDL 进程语句

进程（PROCESS）语句是 VHDL 程序设计中应用最频繁，也是最能体现硬件描述语言特点的一种语句。一个结构体内可以包括多个进程语句，多个 PROCESS 语句之间是并行执行的，而进程内部语句之间是顺序执行的。

进程语句的一般格式为：

```
[进程名称:] PROCESS [(敏感信号表)]
        [说明部分;]
    BEGIN
        [顺序语句;]
    END PROCESS [进程名称];
```

例 3.1.1 用进程语句描述如图 3-1 所示的 D 触发器。

```
LIBRARY IEEE;                    -- 库包定义
USE IEEE.STD_LOGIC_1164.ALL;
ENTITY d_ff IS                   -- 实体定义
  PORT(d,clk:IN BIT;
       q,qb:OUT BIT);
END d_ff;
ARCHITECTURE dd OF d_ff IS
BEGIN
  PROCESS(clk)      -- 敏感信号 clk 发生变化时执行进程语句中的内容
    BEGIN
    IF clk'EVENT AND clk = '1' THEN  -- clk 时钟信号上升沿
        q <= d;
        qb <= NOT(d);
    END IF;                      -- IF 语句结束
  END PROCESS;                   -- 进程语句结束
END dd;                          -- 结构体结束
```

图 3-1 D 触发器

3.2.2 VHDL 顺序语句

顺序语句用来定义进程、过程和函数语句所执行的算法，为算法描述提供方便，它只能出现在进程和子程序中。同一般的高级语言一样，顺序语句是按语句出现的先后次序顺序执行的。

顺序语句主要有信号赋值语句、变量赋值语句、IF 语句、CASE 语句、LOOP 语句、NEXT 语句、EXIT 语句、NULL 语句和 WAIT 语句等。

1. IF 语句

IF 语句是根据所指定的条件来确定执行哪些语句，通常有以下三种类型。

（1）用作门阀控制时的 IF 语句书写格式为

```
IF (条件) THEN
   顺序处理语句；
END IF;
```

（2）用作 2 选 1 控制时的 IF 语句书写格式为

```
IF (条件) THEN
   顺序处理语句 1；
ELSE
   顺序处理语句 2；
END IF;
```

（3）用作多路选择控制时的 IF 语句书写格式为

```
IF 条件 1 THEN
   顺序处理语句 1；
ELSIF 条件 2 THEN
   顺序处理语句 2；
   ⋮
ELSIF 条件 N-1 THEN
   顺序处理语句 N-1；
ELSE
   顺序处理语句 N；
END IF;
```

以上 IF 语句 3 种类型中的任一种，如果指定的条件为判断真（TRUE），则执行 THEN 后面的顺序处理语句；如果条件判断为假（FALSE），则执行 ELSE 后面的顺序处理语句。

例 3.1.2 使用 IF 语句描述如图 3-2 所示的 2 选 1 电路。

```
LIBRARY IEEE;
USE IEEE.STD_LOGIC_1164.ALL;
ENTITY mux2 IS
   PORT(a,b,en:IN BIT;
        c:OUT BIT );
```

```
END mux2;
ARCHITECTURE aa OF mux2 IS
BEGIN
   PROCESS(a,b)
   BEGIN
        c <= b;
      IF ( en = '1' ) THEN
        c <= a;
      END IF;
   END PROCESS;
END aa;
```

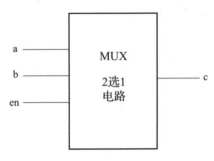

图 3-2 2 选 1 电路

从上面的程序可以观察到，VHDL 程序多采用缩进式形式。保存时文件名与实体名（为了增强程序的可读性，实体名多取描述"电路名称的英文+数字"）必须一致，后缀用 .vhd。在上例中保存时的文件名用"mux2.vhd"。

例 3.1.3 用 IF-THEN-ELSE 语句描述同样的 2 选 1 电路。

```
LIBRARY IEEE;
USE IEEE.STD_LOGIC_1164.ALL;
ENTITY mux2 IS
   PORT(a,b,en:IN BIT;
        c:OUT BIT);
END mux2;
ARCHITECTURE aa OF mux2 IS
BEGIN
   PROCESS(a,b)
   BEGIN
         IF ( en = '1' ) THEN
           c <= a;
         ELSE
           c <= b;
         END IF;
   END PROCESS;
END aa;
```

例3.1.4 用 IF – THEN – ELSIF – THEN – ELSE 语句描述如图3–3所示的4选1电路。

```
LIBRARY IEEE;
USE IEEE.STD_LOGIC_1164.ALL;
ENTITY mux4 IS
  PORT( input:IN STD_LOGIC_VECTOR(3 DOWNTO 0);
        en:IN STD_LOGIC_VECTOR(1 DOWNTO 0);
        y:OUT STD_LOGIC);
END mux4;
ARCHITECTURE aa OF mux4 IS
BEGIN
    PROCESS(input,en)
BEGIN
      IF ( en = "00" ) THEN
        y <= input(0);
      ELSIF ( en = "01" ) THEN
        y <= input(1);
      ELSIF ( en = "10" ) THEN
        y <= input(2);
      ELSE
        y <= input(3);
      END IF;
  END PROCESS;
END aa;
```

该结构体描述的功能是通过 IF 语句的条件判断,决定当 en = "00" 时,y = input(0);当 en = "01" 时,y = input(1);当 en = "10" 时,y = input(2);否则 y = input(3)。

2. CASE 语句

CASE 语句用来描述总线或编码、译码的行为。它是 VHDL 提供的另一种形式的条件控制语句。CASE 语句与 IF 语句的相同之处在于:它们都是根据某个条件在多个语句中进行选择;不同之处在于:CASE 语句是根据某个表达式的值来选择执行的,而 IF 语句是根据条件的真、假来选择执行的。

图3–3 4选1电路

CASE 语句的一般格式为

```
CASE 表达式 IS
    WHEN 条件表达式1 => 顺序处理语句1;
    WHEN 条件表达式2 => 顺序处理语句2;
    END CASE;
```

此外,条件表达式还可有如下的表示形式:

```
WHEN 值 => 顺序处理语句;              -- 单个值
WHEN 值 | 值 | 值 |…| 值 => 顺序处理语句;  -- 多个值的"或"
WHEN 值 TO 值 => 顺序处理语句;        -- 一个取值范围
WHEN OTHERS => 顺序处理语句;          -- 其他所有的缺省值
```

当 CASE 和 IS 之间的表达式的取值满足指定的条件表达式的值时，程序将执行后面跟的，由 => 指定的顺序处理语句。在 CASE 语句中的选择必须是唯一的，即计算表达式所得的值必须且只能是 CASE 语句中的一支。CASE 语句中分支的个数没有限制，各分支的次序也可以任意排列，但关键字 OTHERS（表示其他可能的取值）的分支例外，一个 CASE 语句最多只能有一个 OTHERS 分支，并且该分支必须放在 CASE 语句的最后一个分支的位置上。

例 3.1.5 用 CASE 语句描述如图 3-4 所示的 4 选 1 电路。

```
LIBRARY IEEE;
USE IEEE.STD_LOGIC_1164.ALL;
ENTITY mux4 IS
  PORT(a,b,i0,i1,i2,i3:IN STD_LOGIC;
       q:OUT STD_LOGIC);
END mux4;
ARCHITECTURE bb OF mux4 IS
  SIGNAL sel:INTEGER RANGE 0 TO 3   --定义信号 sel 为整型,取值为 0~3
BEGIN
  PROCESS(a,b,i0,i1,i2,i3)
  BEGIN
    sel <= 0;                  -- 中间信号 sel 赋值为 0
    IF ( a = '1' ) THEN        -- 如果输入选择信号 a 为 1
      sel <= sel + 1;          -- sel 加 1
    END IF;
    IF ( b = '1' ) THEN        -- 如果输入选择信号 b 为 1
      sel <= sel + 2;          -- sel 加 2
    END IF;
    CASE sel IS
      WHEN 0 => q <= i0;       -- 输入选择信号 ba 为 00 时,sel 等于 0
      WHEN 1 => q <= i1;       -- 输入选择信号 ba 为 01 时,sel 等于 1
      WHEN 2 => q <= i2;       -- 输入选择信号 ba 为 10 时,sel 等于 2
      WHEN 3 => q <= i3;       -- 输入选择信号 ba 为 11 时,sel 等于 3
    END CASE;
  END PROCESS;
END bb;
```

该结构体描述的功能是通过 CASE 语句对信号 sel 进行判断，当 sel = 0 时，q = i0；当 sel = 1 时，q = i1；当 sel = 2 时，q = i2；当 sel = 3 时，q = i3。

例 3.1.6 用带有 WHEN OTHERS 语句的 CASE 语句描述如图 3-5 所示的地址译码器。

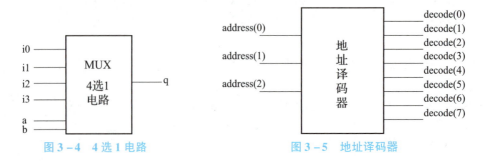

图 3-4　4 选 1 电路　　　　　　　　图 3-5　地址译码器

```vhdl
LIBRARY IEEE;
USE IEEE.STD_LOGIC_1164.ALL;
ENTITY decode3_8 IS
  PORT(address:IN STD_LOGIC_VECTOR(2 DOWNTO 0);
       decode:OUT STD_LOGIC_VECTOR(7 DOWNTO 0));
END decode3_8;
ARCHITECTURE cc OF decode3_8 IS
BEGIN
  PROCESS(address)     --输入信号变化时执行进程语句
  BEGIN
    CASE address IS
      WHEN "001" =>decode<=X"11"; --X表示十六进制,赋值为"00010001"
      WHEN "111" =>decode<=X"22";
      WHEN "101" =>decode<=X"44";
      WHEN "010" =>decode<=X"88";
      WHEN others =>decode<=X"00";
    END CASE;
  END PROCESS;
END cc;
```

address 的数据类型为标准逻辑序列（矢量），除了取值为 0、1 之外，还有可能取值为 X、U、Z、W、L、H、_。WHEN OTHERS 包含了所有可能的取值。

3. LOOP 语句（不常用）

循环语句 LOOP 能使程序进行有规则的循环，循环次数受迭代算法控制。LOOP 语句的格式有以下两种：

1）FOR 循环语句

FOR 循环语句的一般格式为

```
[循环标号:] FOR 循环变量 IN 范围 LOOP
           顺序处理语句；
       END LOOP [循环标号];
```

范围表示循环变量在循环过程中依次取值的范围。

2）WHILE 循环语句

WHILE 循环语句的一般格式为

```
[循环标号:] WHILE (条件) LOOP
           顺序处理语句；
       END LOOP [循环标号];
```

如果条件为"真"，则循环；如果条件为"假"，则结束循环。

FOR 循环通过循环变量的递增来控制循环，而 WHILE 循环是通过不断地测试所给的条件，从而达到控制循环的目的。

3）NEXT 语句

NEXT 语句主要用于 LOOP 语句的内部循环控制，有条件或无条件地跳出本次循环。NEXT 语句的一般格式为

```
NEXT [循环标号] [WHEN 条件];
```

NEXT 语句执行后，将停止本次循环，转入下一次新的循环。"循环标号"指明了下一次循环的起始位置，"WHEN 条件"则说明了 NEXT 语句执行的条件，条件为"真"，则退出本次循环，同时转入下一次循环；条件为"假"，则不执行 NEXT 语句。如果既无"循环标号"又无"WHEN 条件"，则只要执行 NEXT 语句，就立即无条件地跳出本次循环，并从 LOOP 语句的起始位置进入下一次循环，即转入下一次新的循环。

4）EXIT 语句

退出（EXIT）语句也是 LOOP 语句中使用的循环控制语句。执行 EXIT 语句，将结束循环状态，从 LOOP 语句中跳出，终止 LOOP 语句的执行。

EXIT 语句的一般格式为

```
EXIT [循环标号] [WHEN 条件];
```

EXIT 语句的执行有以下 3 种可能：

（1）EXIT 语句后没有跟"循环标号"和"WHEN 条件"，则程序执行到该句时就无条件地从 LOOP 语句跳出，接着执行 LOOP 语句后的语句；

（2）EXIT 后跟"循环标号"，则执行 EXIT 语句，程序将无条件地从循环标号所指明的循环中跳出；

（3）EXIT 后跟"WHEN 条件"，则执行 EXIT 语句，只有在所给条件为"真"时，才跳出 LOOP 语句，执行下一条语句。

5）等待（WAIT）语句

在进程或过程中执行到 WAIT 语句时，运行程序将被挂起，并视设置的条件再次执行。WAIT 语句的一般格式为

```
WAIT [ON 信号表] [UNTIL 条件表达式] [FOR 时间表达式];
```

WAIT 语句可设置的条件有以下几种：

（1）WAIT; --无限等待，一般不用；

（2）WAIT ON 信号表; --敏感信号量变化，激活运行程序；

（3）WAIT UNTIL 条件表达式; --条件为"真"，激活运行程序；

（4）WAIT FOR 时间表达式; --时间到，运行程序继续执行。

6）空操作（NULL）语句

NULL 语句是一种只占位置的空处理操作，执行到该句只是使程序走到下一条语句。NULL 语句的一般格式为

```
NULL;
```

3.3 二进制加法计数器 VHDL 设计

3.3.1 项目描述

计数器是数字电子技术中应用最多的时序逻辑电路，其功能就是记忆时钟脉冲的个数，是数字系统中常用的一种具有记忆功能的电路，可用来实现系统中的计数、分频和定时功能。我们设计的是具有异步复位和置位、同步（与时钟同步）预置数功能的四位二进制加法计数器，其电路图如图 3-6 所示。

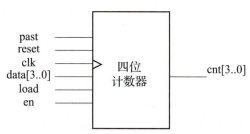

图 3-6 四位二进制加法计数器电路

计数器作为一种典型的时序逻辑电路，采用 VHDL 语言的并行语句来进行设计比较困难，因为并行语句是同时执行的，与其书写顺序无关，只能描述硬件电路中各分支电路同时并行工作的特性，而不能描述硬件电路中各支路信号传输的时间特性，因此必须用顺序语句来完成设计。

按照 VHDL 语法规则，顺序语句不能直接写在结构体当中，而必须写在进程语句中。

3.3.2 项目设计

用 VHDL 顺序语句设计二进制加法计数器，程序如下：

```
LIBRARY IEEE;                          --选用 IEEE 标准库
USE IEEE.STD_LOGIC_1164.ALL;           --使用 STD_LOGIC_1164 程序包
USE IEEE.STD_LOGIC_UNSIGNED.ALL;       --使用 STD_LOGIC_UNSIGNED 程序包
ENTITY counter4 IS
PORT(past,reset,clk,en,load:in std_logic;
     data:in std_logic_vector(3 downto 0);
     cnt4:buffer std_logic_vector(3 downto 0));  --定义1个四位的具有反馈功能的输出信号
END counter4;
ARCHITECTURE jj OF counter4 IS
BEGIN
   PROCESS(past,clk,reset)
   BEGIN
```

```
        IF (reset ='1') THEN                    -- 异步复位
            cnt4 <= (others =>'0');              -- 复位信号为高电平,所有输出为 0
        ELSIF past ='1' THEN                     -- 异步置位
            cnt4 <= (others =>'1');              -- 置位信号为高电平,所有输出为 1
        ELSIF (clk'event AND clk ='1') THEN     -- 时钟上升沿
            IF load ='1' THEN                    -- 同步预置数
                cnt4 <= data;                    -- 在时钟上升沿置数位 load 为高电平时把
                                                    输入预置信号 data 赋值给输出
            ELSIF en ='1' THEN                   -- 输入使能信号为高电平开始计数
                cnt4 <= cnt4 +1;                 -- 加法计数
            END IF;
        END IF;
    END PROCESS;
END jj;
```

3.3.3 项目实施

二进制加法计数器的 VHDL 硬件描述语言的工程创建、设计文件输入,和项目二的 3 - 8 线译码器的过程相同。VHDL 语言程序输入后进行项目编译,编译无误后进行功能仿真,其仿真结果如图 3 - 7 所示。

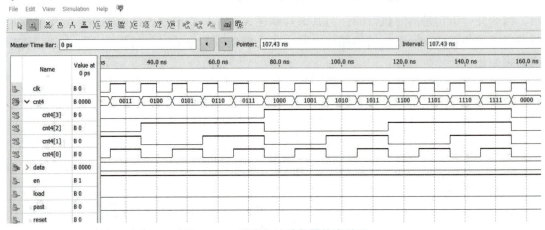

图 3 - 7 二进制加法计数器仿真结果

仿真结果正确后可以分配引脚,编译重新生成下载文件,下载到 EDA 开发板上,用拨码开关作为二进制加法计数器控制引脚的输入,CLK 引脚接时钟信号,LED 作为计数器输出,控制拨动开关使计数器处于工作状态,看 LED 显示是否符合加法计数器的功能。

3.4　总结与思考

1. 项目总结

（1）VHDL 语言编程，要求文件名和实体名称要保持一致且不能为系统关键字，扩展名应为.vhd。

（2）顺序语句不能直接写在结构体当中，而必须写在进程语句内部。

（3）Quartus Ⅱ VHDL 语言设计的主要步骤包括新建工程、建立编辑 VHDL 设计文件、项目编译、项目仿真、器件编程等。

2. 思考内容

（1）Quartus Ⅱ软件的使用及 VHDL 常用语句。

（2）VHDL 语言中 buffer 与 out 的区别。

（3）VHDL 语言中 IF 和 CASE 语句的使用效果有何差异？

（4）除 VHDL 语言外，还可了解另一种常用硬件描述语言 Verilog 的设计输入。

3. 扩展知识

2021 年 3 月为全面了解我国职业教育发展现状，努力办好新时代人民满意的职业教育，《教育家》杂志联合相关教科院采用随机发放问卷的形式，面向全国职业院校、家庭、企业等进行了广泛的调查，发布了《中国职业教育发展大型问卷调查报告》，本次调查专门设置了企业聘用员工时最看重什么素质的问题（多选），从 31 个省（区市）的十万余份有效问卷的整体数据显示，企业聘用员工时最看中的素质排前三位的是工作态度、团队合作和沟通、自主学习意识和能力。同时在前程无忧等招聘网站上的电子自动化类岗位需求信息来看，几乎都要求应聘者具有较强沟通能力、踏实的工作态度、良好的编程风格和习惯等。因此，同学们在平时的课程学习中，应专注相应能力的锻炼和培养，以实践教学和技能大赛为平台，关注行业发展，培养爱岗敬业精神，强化自身技能，增强职业理想和道德修养，在实践中增长智慧才干，在奋斗中锻炼意志品质。

3.5 基础训练任务

基础训练任务内容的难度和项目三以及理论学习内容中的例题相当,通过基础训练部分的练习可加深对 VHDL 硬件描述语言的理解,培养时序电路的编程能力,学会 Quartus Ⅱ 软件使用 VHDL 语言顺序语句编程的方法。

3.5.1 任务1:十进制加法计数器 VHDL 设计

十进制加法计数器的 VHDL 设计

1. 任务目标

(1)熟练掌握 Quartus Ⅱ 软件的使用流程。
(2)熟悉 VHDL 语言时序电路的设计方法。
(3)能够通过波形分析和器件下载验证电路性能。

2. 任务原理

十进制加法计数器可在前面学习的二进制加法计数器的基础上进行修改,当计数器的输出端计数到"1001"后,就强制使其变成"0000",使计数器从"0000"到"1001"循环计数,即实现从 0~9 循环计数的十进制加法计数器功能。

3. 任务设计

十进制加法计数器 VHDL 程序设计如下:

```
LIBRARY IEEE;                              --选用 IEEE 标准库
USE IEEE.STD_LOGIC_1164.ALL;               --使用 STD_LOGIC_1164 程序包
USE IEEE.STD_LOGIC_UNSIGNED.ALL;           --使用 STD_LOGIC_UNSIGNED 程序包
ENTITY counter10 IS
PORT(past,reset,clk,en,load:in std_logic; --定义置位、复位、时钟、使能、置数 1 位标准逻
                                            辑输入引脚信号
     data:in std_logic_vector(3 downto 0);  --定义1个四位输入信号
     cnt4:buffer std_logic_vector(3 downto 0)); --定义1个四位 buffer(具有反馈功
                                                  能)输出引脚信号
END counter10;
ARCHITECTURE jj OF counter10 IS
BEGIN
   PROCESS(past,clk,reset)
   BEGIN
      IF (reset ='1') THEN                 --异步复位
         cnt4 <=(others =>'0');            --所有位为 0
      ELSIF (clk'event AND clk ='1') THEN  --时钟上升沿
         IF load ='1' THEN                 --同步预置数
            cnt4 <= data;
         ELSIF en ='1' THEN                --计数使能
            IF cnt4 >= 9 THEN
```

```
                  _____ ;              -- 计数到 9 输出强制清零
                  ELSE
                    cnt4 <= cnt4 +1;             -- 加法计数
                  END IF;
             END IF;
        END IF;
        END PROCESS;
END jj;
```

4. 任务实施

VHDL 语言输入后进行项目编译, 编译无误后进行仿真, 仿真结果如图 3-8 所示, 仿真正确后可以分配引脚, 重新编译生成下载文件, 下载到 EDA 开发板上, 用拨码开关作为十进制加法计数器控制引脚的输入, CLK 引脚接时钟信号, LED 作为计数器输出, 控制拨动开关使计数器处于工作状态, 看 LED 显示是否符合十进制加法计数器的功能。

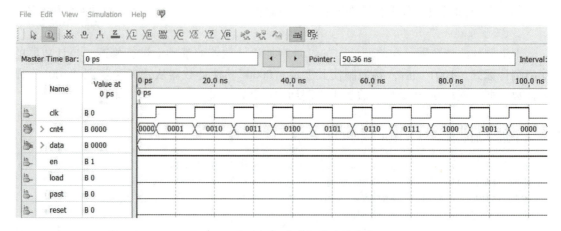

图 3-8　十进制加法计数器功能仿真

5. 十进制加法计数器技能考核 (表 3-1)

表 3-1　十进制加法计数器技能考核

学号		姓名		小组成员	
安全评价	违反用电安全规定、故意损坏仪器, 无成绩		总评成绩		
素质评价	1. 职业素养: 遵守职业规范和操作要求, 注意用电安全, 仪器设备使用完毕后断电, 并放于指定位置。 2. 劳动素养: 实践结束后, 能整理清洁好工作台面, 桌椅摆放整齐, 保持良好学习环境。 3. 合作意识: 小组成员之间互帮互助, 具有团队协作精神		学生自评 (2 分)		
			小组互评 (2 分)		
			教师考评 (6 分)		
			素质总评		

项目三 二进制加法计数器的设计

续表

学号		姓名		小组成员	
知识 评价	1. 熟悉 Quartus Ⅱ 软件的使用。 2. 掌握 VHDL 语言输入方法。 3. 掌握十进制加法计数器设计原理。 4. 掌握 VHDL 语言顺序语句设计方法			学生自评（10 分）	
				教师考评（20 分）	
				知识总评	
能力 评价	1. 能设计十进制加法计数器电路。 2. 能用 VHDL 顺序语句实现电路功能。 3. 能正确进行电路编译仿真。 4. 能正确进行设计电路的下载和验证			学生自评（10 分）	
				小组互评（10 分）	
				教师考评（40 分）	
				能力总评	

3.5.2 任务2:分频器 VHDL 设计

1. 任务目标

(1)熟练掌握 Quartus Ⅱ 软件的使用流程。
(2)熟悉 VHDL 时序电路的设计方法。
(3)能够通过波形分析和器件下载验证电路性能。

分频器 VHDL 设计

2. 任务原理

分频器就是将一个给定的频率较高的输入信号,经过适当处理,产生一个或多个频率较低的输出信号,我们可以利用前面学习的二进制加法计数器来实现,从二进制加法计数器的仿真波形中,可以看出二进制计数器的最低位 cnt4[0] 就是时钟脉冲的 2 分频,次低位 cnt4[1] 就是 4 分频,次高位 cnt4[2] 就是 8 分频,最高位 cnt4[3] 就是 16 分频,因此很容易就可以设计出时钟脉冲信号的 2 分频、4 分频、8 分频和 16 分频的分频电路。

3. 任务设计

分频器 VHDL 程序设计如下:

```
LIBRARY IEEE;                                      --库包设计
USE IEEE.STD_LOGIC_1164.ALL;
USE IEEE.STD_LOGIC_UNSIGNED.ALL;
ENTITY divf IS
PORT(clk:in std_logic;                             --输入时钟信号
     div2,div4,div8,div16 :out std_logic);         --输出分频信号
END divf;
ARCHITECTURE jj OF divf IS
SIGNAL: cnt4: std_logic_vector(3 downto 0);        --定义1个四位标准逻辑信号
BEGIN
   PROCESS(clk)                                    --进程定义
   BEGIN
      IF _____THEN                   --时钟上升沿
           cnt4 <= cnt4 +1;                        --加法计数
      END IF;
   END PROCESS;
   div2 <= cnt4(0);                                --中间信号的第0位输出2分频
   div4 <= _____;
   ____ <= cnt4(2);
   ____ <= _____;
END jj;
```

4. 任务实施

VHDL 语言输入后进行项目编译,编译无误后进行仿真,结果正确后可以分配引脚,重新编译生成下载文件,下载到 EDA 开发板上,clk 引脚接时钟信号,测量 4 个输出引脚的频率,是否实现了 2 分频、4 分频、8 分频和 16 分频的分频器功能。

5. 分频器技能考核（表 3–2）

表 3–2　分频器技能考核

学号		姓名		小组成员	
安全评价	违反用电安全规定、故意损坏仪器，无成绩		总评成绩		
素质评价	1. 职业素养：遵守职业规范和操作要求，注意用电安全，仪器设备使用完毕后断电，并放于指定位置。 2. 劳动素养：实践结束后，能整理清洁好工作台面，桌椅摆放整齐，保持良好学习环境。 3. 合作意识：小组成员之间互帮互助，具有团队协作精神		学生自评（2分）		
			小组互评（2分）		
			教师考评（6分）		
			素质总评		
知识评价	1. 熟悉 Quartus Ⅱ 软件的使用。 2. 掌握 VHDL 语言输入方法。 3. 掌握分频器设计原理。 4. 掌握 VHDL 语言顺序语句设计方法		学生自评（10分）		
			教师考评（20分）		
			知识总评		
能力评价	1. 能设计分频器电路。 2. 能用 VHDL 顺序语句实现电路功能。 3. 能正确进行电路编译仿真。 4. 能正确进行设计电路的下载和验证		学生自评（10分）		
			小组互评（10分）		
			教师考评（40分）		
			能力总评		

3.5.3 任务3：JK 触发器 VHDL 设计

1. 任务目标

（1）熟练掌握 Quartus Ⅱ 软件的使用流程。
（2）熟悉 VHDL 时序电路的设计方法。
（3）能够通过波形分析和器件下载验证电路性能。

2. 任务原理

在数字电路中我们学过 JK 触发器在时钟作用下具有置 0、置 1、翻转和保持的功能。和前面学习的组合逻辑电路不同，时序逻辑电路要在时钟作用下，输出状态才发生改变。其真值表如表 3-3 所示。

表 3-3 JK 触发器真值表

数据输入			数据输出	
clk	j	k	q	qn
↑	0	0	q	qn
↑	0	1	0	1
↑	1	0	1	0
↑	1	1	$\bar{q}$	$\overline{qn}$

其电路如图 3-9 所示。

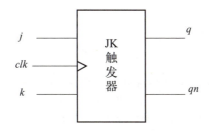

图 3-9 JK 触发器电路

3. 任务设计

结合真值表和电路图，并参考前面的设计程序，补全 JK 触发器的 VHDL 语言程序内容。

```
LIBRARY IEEE;                        --库包设计
USE IEEE.STD_LOGIC_1164.ALL;
ENTITY jk_ff IS
    PORT(_____:in std_logic;      --定义输入引脚信号
        q,qn:buffer std_logic);      --定义具有反馈功能的输出引脚信号
END jk_ff;
```

```
ARCHITECTURE kk OF jk_ff IS
SIGNAL s:std_logic_vector(1 downto 0);  --定义1个二位中间信号
BEGIN
  s <= j&k;              --输入信号j、k并接组合成二位赋值给中间信号
  PROCESS(clk,s)
  BEGIN
    IF(clk'event AND clk ='1') THEN    --时钟上升沿
      CASE s IS
        WHEN ____ => q <='0';qn <='1';          --置0
        WHEN ____ => q <='1';qn <='0';          --置1
        WHEN ____ => q <=NOT(q);qn <=NOT(qn);--取反
        WHEN OTHERS => q <= q;qn <= qn ;        --保持
      END CASE;
    ELSE                                       --无时钟上升沿输出保持不变
      q <= q;
      qn <= qn;
    END IF;
  END PROCESS;
END kk;
```

4. 任务实施

VHDL 语言输入后进行项目编译,编译无误后进行仿真,结果正确后可以分配引脚,重新编译生成下载文件,下载到 EDA 开发板上,用 2 个拨码开关作为 JK 输入,clk 引脚接时钟信号,2 个 LED 作为编码输出,拨动开关看 LED 显示是否符合 JK 触发器的功能。

5. JK 触发器技能考核(表 3 – 4)

表 3 – 4　JK 触发器技能考核

学号		姓名		小组成员	
安全评价	违反用电安全规定、故意损坏仪器,无成绩		总评成绩		
素质评价	1. 职业素养:遵守职业规范和操作要求,注意用电安全,仪器设备使用完毕后断电,并放于指定位置。 2. 劳动素养:实践结束后,能整理清洁好工作台面,桌椅摆放整齐,保持良好学习环境。 3. 合作意识:小组成员之间互帮互助,具有团队协作精神			学生自评(2分)	
				小组互评(2分)	
				教师考评(6分)	
				素质总评	
知识评价	1. 熟悉 Quartus Ⅱ 软件的使用。 2. 掌握 VHDL 语言输入方法。 3. 掌握 JK 触发器设计原理。 4. 掌握 VHDL 语言顺序语句设计方法			学生自评(10分)	
				教师考评(20分)	
				知识总评	
能力评价	1. 能设计 JK 触发器电路。 2. 能用 VHDL 顺序语句实现电路功能。 3. 能正确进行电路编译仿真。 4. 能正确进行设计电路的下载和验证			学生自评(10分)	
				小组互评(10分)	
				教师考评(40分)	
				能力总评	

3.5.4 任务 4：五位循环左移寄存器 VHDL 设计

五位循环左移寄存器 VHDL 设计

1. 任务目标

（1）熟练掌握 Quartus Ⅱ 软件的使用流程。
（2）熟悉 VHDL 时序电路的设计方法。
（3）能够通过波形分析和器件下载验证电路性能。

2. 任务原理

五位循环左移寄存器是在时钟作用下，数据由低位向高位移动，移出的最高位又从低位端移入该寄存器，变成低位。设时钟的输入端为 CLK，五位并行数据输入端为 SR_IN，数据加载控制端为 ENABLE，移位寄存器输出端为 SR_OUT，用顺序语句来设计该电路。

3. 任务设计

五位循环左移寄存器 VHDL 程序如下：

```
library ieee;                                    -- 库包设计
use ieee.std_logic_1164.all;
entity leftreg is
    port
    (   clk: in std_logic;                       -- 输入时钟信号
        enable: in std_logic;                    -- 数据加载控制
        sr_in : in std_logic_vector(4 downto 0) ; -- 5 位输入信号
        sr_out: buffer std_logic_vector(4 downto 0) -- 5 位输出信号
    );
end leftreg;
architecture rtl of leftreg is
    begin
    process (clk)
    begin
        if (rising_edge(clk)) then               -- 时钟上升沿
            if (enable = '1') then               -- 加载控制信号有效
                sr_out <= sr_in;                 -- 输入赋值给输出
            else                                 -- 不加载则循环左移
                sr_out(4 downto 1) <= sr_out(3 downto 0);
                sr_out(0) <= _____;        -- 最高位移到最低位
            end if;
        end if;
    end process;
end rtl;
```

4. 任务实施

VHDL 语言输入后进行项目编译，编译无误后进行仿真，其仿真结果如图 3 - 10 所示。仿真结果正确后可以分配引脚，重新编译生成下载文件，下载到 EDA 开发板上，检测设计电路是否具有移位寄存器的功能。

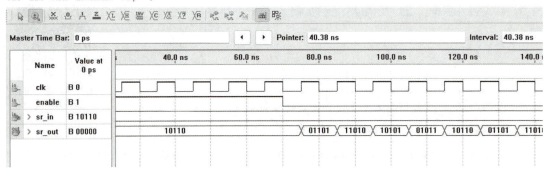

图 3–10　五位循环左移寄存器功能仿真结果

5. 五位循环左移寄存器技能考核（表 3–5）

表 3–5　五位循环左移寄存器技能考核

学号		姓名		小组成员	
安全评价	违反用电安全规定、故意损坏仪器，无成绩		总评成绩		
素质评价	1. 职业素养：遵守职业规范和操作要求，注意用电安全，仪器设备使用完毕后断电，并放于指定位置。 2. 劳动素养：实践结束后，能整理清洁好工作台面，桌椅摆放整齐，保持良好学习环境。 3. 合作意识：小组成员之间互帮互助，具有团队协作精神		学生自评（2分）		
			小组互评（2分）		
			教师考评（6分）		
			素质总评		
知识评价	1. 熟悉 Quartus Ⅱ 软件的使用。 2. 掌握 VHDL 语言输入方法。 3. 掌握左移寄存器设计原理。 4. 掌握 VHDL 语言顺序语句设计方法		学生自评（10分）		
			教师考评（20分）		
			知识总评		
能力评价	1. 能设计左移寄存器电路。 2. 能用 VHDL 顺序语句实现电路功能。 3. 能正确进行电路编译仿真。 4. 能正确进行设计电路的下载和验证		学生自评（10分）		
			小组互评（10分）		
			教师考评（40分）		
			能力总评		

3.6 拓展训练任务

拓展训练任务内容和基础训练相比难度有一定的提升，通过基础任务的练习后，进行拓展任务的训练，会进一步加深对使用 VHDL 语言顺序语句设计输入方法的理解，可根据自己的实际情况选择练习。

3.6.1 任务1：异步复位同步置数六十进制加法计数器设计

1. 任务目标

(1) 熟练掌握 Quartus Ⅱ 软件的使用流程。
(2) 熟悉时序电路的 VHDL 输入设计方法。
(3) 能够通过波形分析和器件下载验证电路性能。

六十进制加法计数器设计

2. 任务原理

以基础训练中设计的二进制加法计数器为基础，设计一个具有异步复位、同步置数的六十进制加法计数器，通过增加输出端口位数，在时钟计数到 59 时，强制输出端清零，由于输入、输出数据较多，列出真值表及设计原理图比较烦琐，直接采用 VHDL 语言进行设计输入较为容易。其电路如图 3-11 所示。

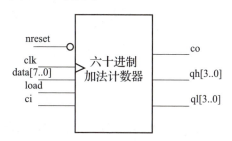

图 3-11 六十进制加法计数器

3. 任务设计

具有异步复位、同步置数的六十进制加法计数器 VHDL 语言设计程序如下：

```
LIBRARY IEEE;                                    -- 库包设计
USE IEEE.STD_LOGIC_1164.ALL;
USE IEEE.STD_LOGIC_UNSIGNED.ALL;
ENTITY CNT60 IS
PORT(nreset,load,ci,clk:in std_logic;            -- 定义低电平复位信号、置数信号、低
                                                    位进位输入信号、时钟信号
     data:in std_logic_vector(7 downto 0);       -- 定义1个八位输入信号
     co:out std_logic;                           -- 定义输出进位信号
     qh,ql:buffer std_logic_vector(3 downto 0)); -- 定义高、低4位输出信号
END CNT60;
ARCHITECTURE behave OF CNT60 IS
```

```vhdl
BEGIN
    co <= '1' WHEN ( qh = "0101" AND ql = "1001" AND ci = '1' ) ELSE
        '0';                              -- 计数到 59 低位输入后进位输出
    PROCESS(clk,nreset)
    BEGIN
        IF(nreset = '0')THEN              -- 低电平异步复位
            qh <= "0000";
            ql <= "0000";
        ELSIF(clk'event AND clk = '1') THEN    -- 时钟上升沿同步置数
            IF (load = '1') THEN
                qh <= data(7 DOWNTO 4);   -- 输入数据高 4 位赋值给输出信号高 4 位
                ql <= data(3 DOWNTO 0);   -- 输入数据低 4 位赋值给输出信号低 4 位
            ELSIF( ci = '1' ) THEN        -- 低位有进位信号
                IF( ql > = 9 )THEN        -- 实现六十进制
                    ql <= "0000";         -- 如输出低 4 位计数到 9 则清零
                    IF( qh > = 5 )THEN
                        qh <= "0000";     -- 如输出高 4 位计数到 5 则清零
                    ELSE
                        qh <= qh + 1;     -- 否则高 4 位加一计数
                    END IF;
                ELSE
                    ql <= ql + 1;         -- 否则低 4 位加一计数
                END IF;
            END IF;
        END IF;
    END PROCESS;
END behave;
```

4. 任务实施

VHDL 语言输入后进行项目编译，编译无误后进行仿真，其仿真波形如图 3 – 12 所示，仿真结果正确后可以分配引脚，重新编译生成下载文件，下载到 EDA 开发板上，验证计数功能是否正确。

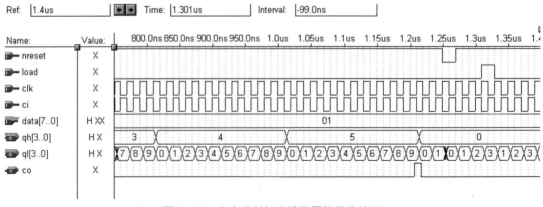

图 3 – 12　六十进制加法计数器的仿真波形

3.6.2 任务 2：异步清零同步置数可逆计数器的设计

1. 任务目标

（1）熟练掌握 Quartus Ⅱ 软件的使用流程。
（2）熟悉时序电路的 VHDL 输入设计方法。
（3）能够通过波形分析和器件下载验证电路性能。

可逆计数器的设计

2. 任务原理

在前面设计的二进制加法计数器的基础上，增加异步清零和同步置数使能端，再增加减法计数功能即可。设 reset 为异步清零端、ce 为计数使能端、load 为同步置数端、dir 为计数方向端（1 表示加法计数、0 表示递减计数，×表示任意状态），din 为置数数据输入端，Q 为计数输出端。

表 3-6 所示为其功能表。

表 3-6 四位异步清零同步置数可逆计数器功能表

数据输入					数据输出
reset	load	ce	dir	din	Q
0	×	×	×	×	0000（清零）
1	1	×	×	din	din（置数）
1	0	1	1	×	加法计数
1	0	1	0	×	减法计数

3. 任务设计

对基础训练中二进制加法计数器的程序进行适当修改，可编写四位异步清零同步置数可逆计数器的 VHDL 语言程序：

```
LIBRARY IEEE;                                          -- 库包设计
USE IEEE.STD_LOGIC_1164.ALL;
USE IEEE.STD_LOGIC_UNSIGNED.ALL;
ENTITY dirconter IS
PORT(reset,load,ce,dir,clk:in std_logic;               -- 输入信号定义
     din:in std_logic_vector(3 downto 0);
     Q:buffer std_logic_vector(3 downto 0));           -- 输出信号定义
END dirconter;
ARCHITECTURE behave OF dirconter IS
BEGIN
    PROCESS(clk,reset)
      variable counter:std_logic_vector(3 downto 0);   -- 定义 1 个四位中间变量
BEGIN
      IF(reset ='0')THEN                               -- 异步清零
```

```
            counter: = "0000";                    -- 复位输入信号为低电平中间变量置0
        ELSIF(clk'event AND clk ='1') THEN        -- 同步置数
            IF (load ='1') THEN                   -- 时钟上升沿及置位输入信号为低电平
                                                  4位输入信号赋值给中间变量
                counter: = din;
            ELSIF(ce ='1') THEN                   -- 使能端有效
                IF(dir ='1')THEN                  -- dir为高电平加法计数
                    IF(counter ="1111")THEN
                        counter: = "0000";        -- 计数满从零开始
                    ELSE
                        counter: = counter +1;    -- 加法计数
                    END IF;
                ELSE                              -- 否则减法计数
                    IF(counter ="0000")THEN
                        counter: = "1111";        -- 计数到零从全1开始
                    ELSE
                        counter: = counter -1;    -- 减法计数
                    END IF;
                END IF;
            END IF;
        END IF;
        Q <= counter;                             -- 把中间变量赋值给输出信号
    END PROCESS;
END behave;
```

4. 任务实施

VHDL 语言输入后进行项目编译，编译无误后进行仿真，其仿真波形如图 3-13 所示，仿真结果正确后可以分配引脚，重新编译生成下载文件，下载到 EDA 开发板上，验证计数功能是否正确。

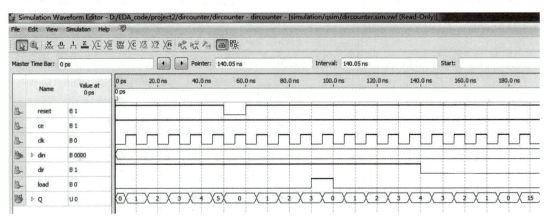

图 3-13　可逆计数器仿真波形图

3.6.3 任务3：双向移位寄存器的设计

1. 任务目标
（1）熟练掌握 Quartus Ⅱ 软件的使用流程。
（2）熟悉 VHDL 编程输入设计方法。
（3）能够通过波形分析和器件下载验证电路性能。

双向移位寄存器的设计

2. 任务原理
双向移位寄存器可以在工作模式控制端的控制下，通过预置数据输入端输入并行数据，还能通过移位数据输入端输入串行数据，数据能从低位向高位移动，也可以从高位向低位移动。设时钟输入端为 CLK，预置数据输入端为 PLOAD，工作模式控制端为 MODE（00 保持、01 右移、10 左移、11 预置数），左移数据输入端为 DSL，右移数据输入端为 DSR，寄存器同步清零端为 RESET，移位寄存器输出端为 DOUT。

3. 任务设计
按电路原理编写五位双向移位寄存器的 VHDL 语言程序如下：

```vhdl
library ieee;                                   -- 库包设计
use ieee.std_logic_1164.all;
use ieee.std_logic_arith.all;
use ieee.std_logic_unsigned.all;
entity dreg is
  port(                                         -- 输入输出端口设计
    CLK,RESET,DSL,DSR : in std_logic;
    MODE              : in std_logic_vector(1 downto 0);
    PLOAD             : in std_logic_vector(4 downto 0);
    DOUT              : buffer std_logic_vector(4 downto 0));
end dreg;
architecture behave of dreg is
  begin
process(CLK,RESET)
  begin
      if (clk'event AND clk ='1') then          -- 同步清零
        if RESET ='1' then
          DOUT <= "00000";
        else
          if MODE(1) ='0' then
            if MODE(0) ='0' then
              null;                             -- null 为空操作,MODE 为 00 保持
            else                                -- MODE 为 01 数据右移
              DOUT <= DSR&DOUT(4 downto 1);     -- DSR 与 DOUT 的 4 到 1 位并接成
                                                --  DOUT 的 4 到 0 位
            end if;
          elsif MODE(0) ='0' then               -- MODE 为 10 数据左移
```

```
                    DOUT <= DOUT(3 downto 0)&DSL;    -- DOUT 的 3 到 0 位与 DSL 并接成 DOUT
                                                        的 4 到 0 位
                else
                    DOUT <= PLOAD;                    -- MODE 为 11 预置数
                end if;
            end if;
        end if;
    end process;
end behave;
```

4. 任务实施

VHDL 语言输入后进行项目编译，编译无误后进行仿真，其仿真波形如图 3 – 14 所示，仿真结果正确后可以分配引脚，重新编译生成下载文件，下载到 EDA 开发板上，进一步验证设计结果。

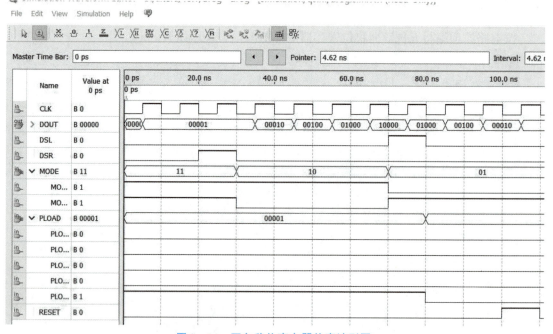

图 3 – 14 双向移位寄存器仿真波形图

3.6.4 任务4：数控分频器的设计

1. 任务目标

（1）熟练掌握 Quartus Ⅱ 软件的使用流程。
（2）熟悉 VHDL 编程输入设计方法。
（3）能够通过波形分析和器件下载验证电路性能。

数控分频器的设计

2. 任务原理

数控分频器的功能是在前面学习的分频器电路基础上，当输入端给定不同的输入数据时，可对输入的时钟信号有不同的分频比，数控分频器就是用计数值可并行预置的加法计数器来设计完成的，在时钟信号的作用下，通过输入八位的拨动开关输入不同的数据，改变分频比，使输出端口输出不同频率的时钟信号，来达到数控分频的效果。

3. 任务设计

按电路原理编写数控分频器的 VHDL 语言程序如下：

```
library ieee;                                       --库包设计
use ieee.std_logic_1164.all;
use ieee.std_logic_arith.all;
use ieee.std_logic_unsigned.all;
entity exp55 is
  port( inclk : in std_logic;                       --定义时钟
        data : in std_logic_vector(7 downto 0);     --定义分频信号
        fout : out std_logic );                     --定义输出信号
end exp55;
architecture behave of exp55 is
signal full :std_logic;                             --定义1位中间信号
  begin
    process(inclk)                                  --进程1敏感信号inclk
      variable cdount1 : std_logic_vector(7 downto 0);
                                                    --在进程中定义8位中间变量
      begin
        if inclk'event and inclk ='1' then    --时钟上升沿
          if cdount1 = "11111111" then
            cdount1 := data;          --如中间变量计满全1,把分频信号赋给它
            full <='1';               --计数满中间信号置高电平
          else cdount1 := cdount1 +1;  --未计满继续计数
            full <='0';               --未计满中间信号置低电平
          end if;
        end if;
    end process;
    process(full)                     --进程2敏感信号full
      variable cdount2 : std_logic;   --定义1位中间变量
      begin
        if full'event and full ='1' then      --full 上升沿
```

```
            cdount2 : = not cdount2;              -- 中间信号取反
               if cdount2 = '1' then
                   fout <= '1';        -- 中间信号为高电平,输出也为高电平
               else
                   fout <= '0';        -- 中间信号为低电平,输出也为低电平
               end if;
            end if;
        end process;
    end behave;
```

4. 任务实施

VHDL 语言输入后进行项目编译,编译无误后进行仿真,其仿真波形如图 3-15 所示,仿真结果正确后可以分配引脚,重新编译生成下载文件,下载到 EDA 开发板上,进一步验证设计结果。

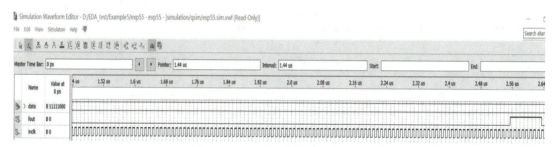

图 3-15　数控分频器仿真波形图

项目四

数字秒表的设计

数字秒表设计

项目目标

1. 了解 VHDL 语言的结构特点。
2. 掌握 VHDL 语言层次化设计方法。
3. 熟悉 Quartus Ⅱ 软件的 VHDL 文本输入。

项目任务

能使用 VHDL 语言层次化方法进行复杂电路设计。

职业能力

培养解决复杂问题的综合能力。

职业素养

从来没有躺赢的捷径，只有奋斗的征程。

4.1 项目设计内容描述

数字秒表是一种常用的计时工具，以其价格低廉、走时准确、使用方便而广泛用于各类体育比赛中。本项目是一个综合设计任务，使用 VHDL 层次化设计方法完成基于 FPGA 的数字秒表设计。我们设计的数字秒表分辨率为 0.01 s，所以整个秒表的工作时钟是在 100 Hz 的时钟信号下完成，其显示的格式是 mm – ss – xx（mm 表示分钟：0~59；ss 表示秒：0~59；xx 表示百分之一秒：0~99），有复位清零键和暂停使能键，并用七段码管显示当前计时时间。

4.2 项目相关理论知识

层次化设计方法

层次化设计方法

当设计一个结构复杂的系统时，通常采用层次化的设计方法，使系统设计变得简洁和方便，层次化设计是分层次、分模块进行设计描述的。首先将数字系统按功能划分为不同的模块，各模块电路的设计通过 VHDL 语言编程实现，设计好的各模块文件生成一个模块符号文件，该符号就像图形设计文件中的任何其他宏功能符号一样可被高层设计重复调用，然后建立顶层电路原理图。描述器件总功能的模块放在最上层，称为顶层设计；描述器件某一部分功能的模块放在下层，称为底层设计。使用开发软件完成设计输入、编译、逻辑综合和功能仿真，最后在可编程器件上实现数字系统的设计。结果表明，使用这种设计方法可以大大简化硬件电路的结构，具有可靠性高、灵活性强的特点。

4.3 数字秒表混合输入设计

数字秒表混合输入设计实验结果

4.3.1 项目分析

数字秒表由于其计时精确、分辨率高，在各种竞技场所得到了广泛的应用。数字秒表采用层次化设计方法，显示时、分、秒，能显示 0.01 s 的时间。

数字秒表的总体框图如图 4-1 所示。它由 4 个模块组成：一百进制计数器（miaob）、六十进制计数器（miaos）、10 分频器（fenpin10）和字形显示模块（display）。

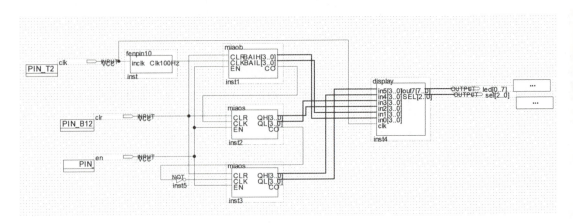

图 4-1 数字秒表的总体框图

系统时钟选择 1 kHz，用于七段数码管的扫描显示，而数字秒表的分辨率为 0.01 s，因此需要对系统时钟 10 分频，得到整个秒表的工作时钟为 100 Hz；模块 fenpin10 是 10 分频电路；模块 miaob 为一百进制计数器，输出的数值为 0.01 s；模块 miaos 为六十进制计数器，用于秒、分的计数；模块 display 为显示模块，分时扫描输出秒表的显示，CLR 为复位清零键，EN 为暂停使能键。每个模块的 VHDL 文件经编译仿真后生成相应的子模块图元，作为顶层原理图的元件。

4.3.2 项目设计

新建不同模块的工程文件，并输入相应的 VHDL 语言源程序，完成各模块的编译仿真和功能验证，并在 File 菜单中选择 Create/Update 项，进而选择 Create Symbol For Current File，单击"确定"按钮，即可创建一个代表刚才打开的设计文件功能的符号（.bsf），如果该文件对应的符号文件已经创建过，则执行该操作时会弹出提示信息，询问是否要覆盖现存的符号文件，用户可根据自己的意愿进行选择。用同样的方法生成各模块设计文件对应的模块符号。

各模块的 VHDL 语言源程序如下：

1. 一百进制计数器模块（miaob）

模块 miaob 的 VHDL 源程序如下，其生成的模块符号如图 4-2 所示。

```vhdl
LIBRARY IEEE;                                           -- 库包定义
USE IEEE.STD_LOGIC_1164.ALL;
USE IEEE.STD_LOGIC_UNSIGNED.ALL;
---------------------------------------------------------------
ENTITY miaob IS                                         -- 输入/输出引脚定义
  PORT(CLR,CLK:IN STD_LOGIC;
       BAIH,BAIL:BUFFER STD_LOGIC_VECTOR(3 DOWNTO 0);
       CO:OUT STD_LOGIC);
END miaob;
---------------------------------------------------------------
ARCHITECTURE AA OF miaob IS
BEGIN
  CO <='1' WHEN(BAIH = "1001" AND BAIL = "1001") ELSE '0';  -- 计数到 99 进位
  PROCESS(CLR,CLK)
    BEGIN
    IF (CLR ='0')THEN                   -- 异步清零
      BAIH <= "0000";
      BAIL <= "0000";
    ELSIF (CLK'EVENT AND CLK ='1') THEN
      IF (EN ='1')THEN
      IF (BAIL = "1001")THEN
        BAIL <= "0000";                 -- 低位计到 9 清零
        IF (BAIH = "1001") THEN         -- 高位计到 9 清零
          BAIH <= "0000";
        ELSE
          BAIH <= BAIH +1;              -- 低位计到 9 高位未计到 9,则高位加 1 计数
```

```
            END IF;
         ELSE
           BAIL <= BAIL +1;         -- 低位未计到 9 继续加 1 计数
         END IF;
        END IF;
      END IF;
    END PROCESS;
END AA;
```

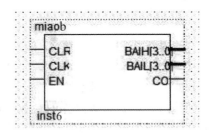

图 4 – 2 模块 miaob

2. 六十进制计数器模块 miaos

模块 miaos 的 VHDL 源程序如下，其生成的模块符号如图 4 – 3 所示。

```
LIBRARY IEEE;
USE IEEE.STD_LOGIC_1164.ALL;
USE IEEE.STD_LOGIC_UNSIGNED.ALL;
-----------------------------------------------------------------
ENTITY miaos IS
  PORT(CLR,CLK,EN:IN STD_LOGIC;
       QH,QL:BUFFER STD_LOGIC_VECTOR(3 DOWNTO 0);
       CO:OUT STD_LOGIC);
END miaos;
-----------------------------------------------------------------
ARCHITECTURE AA OF miaos IS
BEGIN
 CO <='1' WHEN (QH = "0101" AND QL = "1001" AND EN ='1') ELSE '0';
                                -- 输出端计到 59,EN 为高电平时进位
   PROCESS(CLR,CLK)
   BEGIN
     IF (CLR ='0') THEN            -- 异步清零
        QH <= "0000";
        QL <= "0000";
     ELSIF (CLK'EVENT AND CLK ='1') THEN   -- 时钟上升沿
       IF (EN ='1') THEN           -- EN 为高电平
         IF (QL = "1001") THEN     -- 输出低位为 9 则低位清零
           QL <= "0000";
           IF (QH = "0101")THEN    -- 输出高位为 5 则高位清零
             QH <= "0000";
           ELSE
```

```
                QH <= QH +1;           -- 输出低位为9输出高位未到5,则高位加1计数
            END IF;
        ELSE                           -- 输出低位未到9则低位加1计数
            QL <= QL +1;
        END IF;
      END IF;
    END IF;
  END PROCESS;
END AA;
```

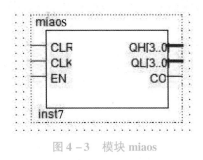

图 4 – 3 模块 miaos

3. 10 分频模块 fenpin10

模块 fenpin10 的 VHDL 源程序如下,其生成的模块符号如图 4 - 4 所示。

```
library ieee;                                    -- 库包设计
use ieee.std_logic_1164.all;
use ieee.std_logic_arith.all;
use ieee.std_logic_unsigned.all;
-----------------------------------------------------------------
entity fenpin10 is
  port( inclk : in std_logic;                    -- 定义时钟
        Clk100Hz : out std_logic );              -- 定义输出信号
 end fenpin10;
-----------------------------------------------------------------
architecture behave of fenpin10 is
signal Clk_Count1:std_logic_vector(3 downto 0);  -- 定义1个四位中间信号
begin
    process(inclk)
      begin
        if(inclk'event and inclk ='1') then      -- 时钟上升沿
          if(Clk_Count1 <10) then                -- 中间信号小于10计数
            Clk_Count1 <= Clk_Count1 +1;
          else                                   -- 计到10后置1
            Clk_Count1 <= "0001";
          end if;
        end if;
      end process;
    Clk100Hz <= Clk_Count1(3);  -- 把中间信号的最高位赋值给输出得到10分频信号
    end behave;
```

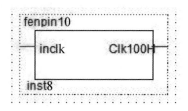

图 4-4　fenpin10 模块

4. 显示模块 display

模块 display 的 VHDL 源程序如下，其生成的模块符号如图 4-5 所示。

```vhdl
LIBRARY IEEE;
use ieee.std_logic_1164.all;
use ieee.std_logic_unsigned.all;
------------------------------------------------------------------
entity display is
port(in5,in4,in3,in2,in1,in0:in std_logic_vector(3 downto 0);   --定义显示数据的
                                                                  高、低位
     lout7:out std_logic_vector(7 downto 0);          --数码管段码
     SEL:OUT STD_LOGIC_VECTOR(2 DOWNTO 0);            --数码管位码
     clk:in std_logic);                               --扫描时钟
end display;
------------------------------------------------------------------
architecture phtao of display is
signal s:std_logic_vector(2 downto 0);                --定义中间信号
signal lout4:std_logic_vector(3 downto 0);
begin
process (clk)
begin
if (clk'event and clk ='1')then                       --扫描计数
   if (s = "111") then
      s <= "000";
   else s <= s +1;
   end if;
end if;
sel <= s;
end process;
process (s)
begin
   case s is
      when "000" => lout4 <= in4;                     --输出分钟的高位
      when "001" => lout4 <= in5;                     --输出分钟的低位
      when "010" => lout4 <= "1010";                  --输出横杠
      when "011" => lout4 <= in2;                     --输出秒的高位
      when "100" => lout4 <= in3;                     --输出秒的低位
      when "101" => lout4 <= "1010";                  --输出横杠
```

```
            when "110" => lout4 <= in0;              -- 输出 0.01 s 的高位
            when "111" => lout4 <= in1;              -- 输出 0.01 s 的低位
            when others => lout4 <= "XXXX";
        end case;
        case lout4 is
            when "0000" => lout7 <= "11111100";      -- 0~9 的显示码
            when "0001" => lout7 <= "01100000";
            when "0010" => lout7 <= "11011010";
            when "0011" => lout7 <= "11110010";
            when "0100" => lout7 <= "01100110";
            when "0101" => lout7 <= "10110110";
            when "0110" => lout7 <= "10111110";
            when "0111" => lout7 <= "11100000";
            when "1000" => lout7 <= "11111110";
            when "1001" => lout7 <= "11100110";
            when "1010" => lout7 <= "00000010";      -- 横杠的显示码
            when others => lout7 <= "XXXXXXXX";
        end case;
    end process;
end phtao;
```

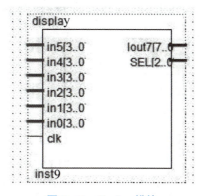

图 4-5 display 模块

4.3.3 项目实施

1. 创建新的工程文件

打开 Quartus Ⅱ 软件,启动新建项目向导,在对话框中分别输入项目文件夹、项目名和顶层设计实体名,选择芯片型号,最后单击"Finish"按钮完成工程项目的建立。

2. 创建原理图文件

前面各功能模块符号文件创建完成后,创建新工程和一个图形编辑文件,打开图形编辑器对话框,在图形编辑器窗口的工作区双击鼠标左键,或单击图中的符号工具按钮,或选择菜单 Edit→Insert Symbol…,在 Symbol 对话框中的 Project 项下会出现前面创建的模块符号文件,如图 4-6 所示。

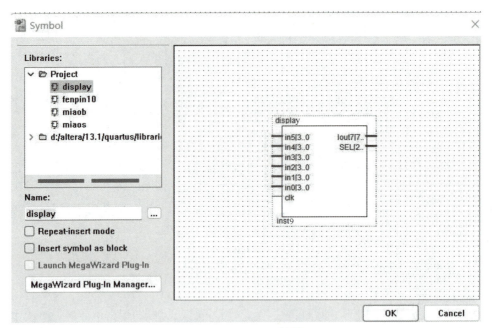

图 4-6 Symbol 对话框

选取这些模块符号文件放置到工作区,进行符号之间的连线,以及放置输入、输出引脚,完成原理图文件的创建。

3. 编译及仿真

数字秒表混合设计输入后进行项目编译,编译无误后进行功能仿真,仿真结果正确后可以分配引脚,编译重新生成下载文件,下载到 EDA 开发板上,进行功能验证,是否符合数字秒表的功能。

4.4 总结与思考

1. 项目总结

(1) 采用层次化设计方法,是将每个设计好的实体作为一个模块,每个模块在一个独立的项目文件夹中生成一个原理图模块,将每个生成的原理图模块作为顶层原理图中的一个元件,添加到顶层项目中,在顶层项目中布线连接。

(2) Quartus Ⅱ 原理图 VHDL 混合设计的一般步骤为:建立编辑子模块 VHDL 文件,子模块编译、子模块仿真、子模块生产图元、顶层原理图设计、顶层编译仿真及编程下载。

2. 思考内容

(1) Quartus Ⅱ 软件原理图 VHDL 混合输入的方法。
(2) Quartus Ⅱ 软件把当前文件创建成图元的方法。
(3) 在以上功能基础上,如何增加闹铃功能?
(4) 除层次化输入方式外,还可了解状态机的设计输入。

3. 扩展知识

1) 古代计时工具

(1) 日晷、日规、圭表中的"表"是一根垂直立在地面的标竿或石柱,根据表影判断时间。

(2) 刻漏又称漏刻、漏壶。漏壶主要有泄水型和受水型两类。

(3) 大明灯漏：中国元代的郭守敬制成大明灯漏,它是利用水力驱动,通过齿轮系及相当复杂的凸轮机构,带动木偶进行"一刻鸣钟、二刻鼓、三钲、四铙"的自动报时。

(4) 水运仪象台：水运仪象台的机械计时部分可以按时刻使木偶出来击鼓报刻、摇铃报时等。

2) 古代五更计时法

把一夜分成五更,每更两个小时,这就是流传至今的"五更",如李煜的"罗衾不耐五更寒"中的"五更"即此。夜半就是子时,是现在的二十三点到一点,所以古书上把这个时辰称为"子夜",当代著名作家茅盾先生就用"子夜"作了自己一部长篇小说的书名。全夜为五个更,第三更便是子时,所以又有"三更半夜"之说。古人说时间,白天与黑夜各不相同,白天说"钟",黑夜说"更"或"鼓",因此又有"晨钟暮鼓"之说。古时城镇多设钟鼓楼,晨起（辰时,今之七点）撞钟报时,所以白天说"几点钟"；暮起（酉时,今之十九点）击鼓报时,故夜晚又说是几鼓天。

4.5 基础训练任务

基础训练任务内容的难度相对较低，通过基础训练部分的练习可加深对课程内容的理解，培养 VHDL 语言和原理图的混合编程能力，学会 Quartus Ⅱ软件层次化设计编程方法。

4.5.1 任务1：可调频率十进制加法计数器电路设计

可调频率十进制加法
计数器电路设计

1. 任务目标

（1）熟练掌握 Quartus Ⅱ软件的使用流程。
（2）熟悉层次化设计编程方法。
（3）能够通过波形分析和器件下载验证电路性能。

2. 任务原理

可调频率十进制加法计数器电路设计可把前面学习过的十进制加法计数器、数控分频器、数码管显示译码器三个模块合成一个设计文件，实现可调频率十进制加法计数器电路的功能。

可调频率十进

时钟信号经过数控分频器分频后得到一个较低的频率作为十进制加法计数器的时钟频率进行计数器的加法运算。得到的值通过数码显示译码器电路在数码管显示出来，改变分频器的频率，可调整十进制加法计数器的计数速度。

3. 任务设计

（1）打开 Quartus Ⅱ软件，新建一个工程。
（2）将前面章节设计过的十进制加法计数器（3.5.1）、数控分频器（3.6.4）、数码管显示译码器（2.5.4）三个模块的源程序代码复制到当前工作目录下保存起来。
（3）选择 File→Open 命令，打开复制到当前工作目录下其中一个模块的源代码程序，如 counter10.vhd 程序。
（4）在 File 菜单中选择 Create/Update 项，进而选择 Create Symbol For Current File，单击"确定"按钮，即可创建一个代表刚才打开的设计文件功能的符号（counter10.bsf）。
（5）同样方法对其他设计文件（dec_led.vhd、digconf.vhd）进行模块符号文件的创建。
（6）模块符号文件创建完成后，再新建一个图形编辑文件，打开图形编辑器对话框，调入十进制加法计数器、数控分频器和数码管显示译码器三个模块符号，进行符号之间的连线，已经放置输入、输出引脚，设计完成后的电路如图 4-7 所示。

4. 任务实施

层次化设计输入后进行项目编译，编译无误后进行仿真，仿真正确后可以分配引脚，重新编译生成下载文件，下载到 EDA 开发板上，控制拨动开关改变时钟频率，检测是否符合可调频率十进制加法计数器的功能。

电子设计自动化

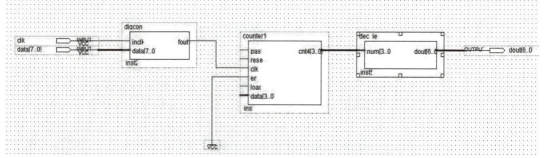

图 4-7　可调频率十进制加法计数器电路

5. 可调频率十进制计数器技能考核（表 4-1）

表 4-1　频率可调十进制计数器技能考核

学号		姓名		小组成员	
安全评价	违反用电安全规定、故意损坏仪器，无成绩		总评成绩		
素质评价	1. 职业素养：遵守职业规范和操作要求，注意用电安全，仪器设备使用完毕后断电，并放于指定位置。 2. 劳动素养：实践结束后，能整理清洁好工作台面，桌椅摆放整齐，保持良好学习环境。 3. 合作意识：小组成员之间互帮互助，具有团队协作精神		学生自评（2分）		
			小组互评（2分）		
			教师考评（6分）		
			素质总评		
知识评价	1. 熟悉 Quartus Ⅱ 软件的使用。 2. 掌握层次化电路输入方法。 3. 掌握可调频率十进制加法计数器设计原理。 4. 掌握 VHDL 语言和原理图混合设计方法		学生自评（10分）		
			教师考评（20分）		
			知识总评		
能力评价	1. 能设计可调频率十进制加法计数器电路。 2. 能用 VHDL 语言和原理图混合输入方法实现电路功能。 3. 能正确进行电路编译仿真。 4. 能正确进行设计电路的下载和验证		学生自评（10分）		
			小组互评（10分）		
			教师考评（40分）		
			能力总评		

4.5.2 任务2：篮球比赛 24 s 计时器设计

篮球比赛24秒
计时器设计

篮球比赛24秒
计时器

1. 任务目标
（1）熟练掌握 Quartus Ⅱ 软件的使用流程。
（2）熟悉层次化设计编程方法。
（3）能够通过波形分析和器件下载验证电路性能。

2. 任务原理
篮球比赛中规定，从获得球权发动进攻到投篮的有效时间合计不能超过 24 s，否则会被判违例，将失去球权。另外，对非投篮的防守犯规、脚踢球或出界球判罚之后，如果所剩时间大于 14 s（含 14 s），开球后继续计时，如果所剩时间少于 14 s，则时间调到 14 s，从 14 s 开始计时。

电路设计要求如下：
（1）按下清零键，显示 24 s。
（2）按下"14 s 设置"键，显示 14 s。
（3）按下启动键，开始倒计时，递减时间间隔为 1 s。
（4）计时过程中按下暂停键，计时暂停，保持显示时间。
（5）再次按下继续键，从停止的时间开始继续计时，时间结束时显示 00，同时发出报警信号。

3. 任务设计
整个系统可分为计时控制模块和显示控制模块两个部分。

1) 计时控制模块

计时控制模块完成 24 s 和 14 s 倒计时功能，计时时钟为 CLK（1 Hz）、14 s 预置端为 LOAD、启动/暂停/继续按键控制端为 EN、清零按键控制端为 CLR、报警信号输出端为 WARN、十位数字输出端为 DOUT、个位数字输出端为 SOUT。其 VHDL 参考程序如下：

```
LIBRARY IEEE;
USE IEEE.STD_LOGIC_1164.ALL;
USE IEEE.STD_LOGIC_UNSIGNED.ALL;
--------------------------------------------------------
ENTITY JSMODULE IS
  PORT(CLR,LOAD,EN,CLK :IN STD_LOGIC;
       WARN: OUT STD_LOGIC;
        DOUT: OUT STD_LOGIC_VECTOR(3 DOWNTO 0);
        SOUT: OUT STD_LOGIC_VECTOR(3 DOWNTO 0));
  END ENTITY JSMODULE;
--------------------------------------------------------
ARCHITECTURE A OF JSMODULE IS
  BEGIN
  PROCESS(CLR,CLK,EN)
  VARIABLE TMPA: STD_LOGIC_VECTOR(3 DOWNTO 0);    --定义中间变量代表输出个位
    VARIABLE TMPB: STD_LOGIC_VECTOR(3 DOWNTO 0);  --定义中间变量代表输出十位
```

```vhdl
        VARIABLE TMPWARN: STD_LOGIC;                    -- 定义中间变量代表输出报警
      BEGIN
        IF CLR ='1' THEN
          TMPA: ="0100";TMPB: ="0010";TMPWARN: ='0';   -- 按清零键重回 24 s,不报警
        ELSIF clk'event and clk ='1' THEN
          IF LOAD ='1' THEN                            --14 s 预置
            TMPA: ="0100";TMPB: ="0001";
          ELSIF EN ='1' THEN                           -- 启动计时
            IF TMPA = "0000" THEN                      -- 若个位为零
              IF TMPB /= "0000"THEN                    -- 十位不为零
                TMPA: ="1001";                         -- 个位为 9
                TMPB: = TMPB - 1;                      -- 十位减 1
              ELSE                                     -- 若十位、个位都为零
                TMPWARN: ='1';                         -- 启动报警
              END IF;
            ELSE                                       -- 若个位不为零
              TMPA: = TMPA - 1;                        -- 个位减 1
            END IF;
          END IF;
        END IF;
SOUT <= TMPA;DOUT <= TMPB;WARN <= TMPWARN;             -- 中间变量赋值给输出端
END PROCESS;
END ARCHITECTURE A;
```

2) 显示控制模块

显示控制模块可参考数字秒表显示模块的设计，模块 display 的 VHDL 源程序如下：

```vhdl
LIBRARY IEEE;
use ieee.std_logic_1164.all;
use ieee.std_logic_unsigned.all;
--------------------------------------------------------------
entity display is
port(in0,in1:in std_logic_vector(3 downto 0);         -- 定义显示数据的高、低位
     lout7:out std_logic_vector(7 downto 0);          -- 数码管段码
     SEL:OUT STD_LOGIC_VECTOR(2 DOWNTO 0);            -- 数码管位码
     smclk:in std_logic);                             -- 扫描时钟
end display;
--------------------------------------------------------------
architecture phtao of display is
signal s:std_logic_vector(2 downto 0);                -- 定义中间信号
signal lout4:std_logic_vector(3 downto 0);
begin
process (smclk)
begin
if (smclk'event and smclk ='1')then                   -- 扫描计数
    if (s ="001") then
```

```
            s <= "000";
        else s <= s +1;
        end if;
    end if;
    sel <= s;
    end process;
    process (s)
    begin
        case s is
            when "000" => lout4 <= in0;          -- 输出计时的高位
            when "001" => lout4 <= in1;          -- 输出计时的低位
            when others => lout4 <= "XXXX";
        end case;
        case lout4 is
            when "0000" => lout7 <= "11111100";  -- 0~9 的显示码
            when "0001" => lout7 <= "01100000";
            when "0010" => lout7 <= "11011010";
            when "0011" => lout7 <= "11110010";
            when "0100" => lout7 <= "01100110";
            when "0101" => lout7 <= "10110110";
            when "0110" => lout7 <= "10111110";
            when "0111" => lout7 <= "11100000";
            when "1000" => lout7 <= "11111110";
            when "1001" => lout7 <= "11100110";
            when "1010" => lout7 <= "00000010";  -- 横杠的显示码
            when others => lout7 <= "XXXXXXXX";
        end case;
    end process;
    end phtao;
```

3) 分频模块

系统时钟选择 1 kHz，用于七段数码管的扫描显示，计时时钟是 1 Hz，通过系统时钟 1 000 分频得到，分频模块 VHDL 源程序如下：

```
LIBRARY IEEE;
USE IEEE.STD_LOGIC_1164.ALL;
USE IEEE.STD_LOGIC_UNSIGNED.ALL;
------------------------------------------------------------------
ENTITY clkout IS
    PORT ( clk1kHz : in STD_LOGIC;   --1 kHz
           clk1Hz : OUT STD_LOGIC);  --1 Hz
END clkout;

------------------------------------------------------------------
ARCHITECTURE A OF clkout IS
BEGIN
```

```
PROCESS(clk1kHz)                                    -- 生成 1 Hz 信号
  variable cnttemp : INTEGER RANGE 0 TO 999;        -- 定义中间变量范围整数 0~999
BEGIN
  IF clk1kHz ='1'AND clk1kHz'event THEN             -- 1 kHz 脉冲上升沿
    IF cnttemp = 999 THEN cnttemp:=0;                -- 中间变量等于999清零
    ELSE
      IF cnttemp < 500 THEN clk1Hz <='1';             -- 中间变量小于500,输出高电平
        ELSE clk1Hz <='0';                            -- 中间变量大于500,输出低电平
      END IF;
      cnttemp:= cnttemp +1;                           -- 中间变量不等于999加1计数
    END IF;
  END IF;
END PROCESS;
END A;
```

当三个模块符号文件都创建完成后,再新建一个图形编辑文件,打开图形编辑器对话框,调入计时模块符号、分频模块符号和数码管显示译码器模块符号,放置输入/输出引脚,进行符号之间的连线,设计完成后的电路如图 4 – 8 所示。

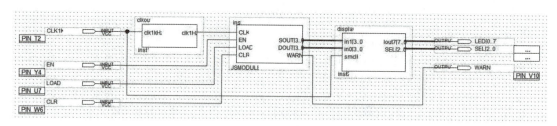

图 4 – 8 篮球比赛 24 s 计时器

4. 任务实施

层次化设计输入后进行项目编译,仿真正确后可以分配引脚,重新编译生成下载文件,下载到 EDA 开发板上,检测是否符合篮球比赛 24 s 计时器的功能。

5. 篮球比赛 24 s 计时器技能考核(表 4 – 2)

表 4 – 2 篮球比赛 24 s 计时器技能考核

学号		姓名		小组成员	
安全评价	违反用电安全规定、故意损坏仪器,无成绩		总评成绩		
素质评价	1. 职业素养:遵守职业规范和操作要求,注意用电安全,仪器设备使用完毕后断电,并放于指定位置。 2. 劳动素养:实践结束后,能整理清洁好工作台面,桌椅摆放整齐,保持良好学习环境。 3. 合作意识:小组成员之间互帮互助,具有团队协作精神		学生自评(2分)		
			小组互评(2分)		
			教师考评(6分)		
			素质总评		

续表

知识评价	1. 熟悉 Quartus Ⅱ 软件的使用。 2. 掌握层次化电路输入方法。 3. 掌握篮球比赛 24 s 计时器设计原理。 4. 掌握 VHDL 语言和原理图混合设计方法	学生自评（10分）	
		教师考评（20分）	
		知识总评	
能力评价	1. 能设计篮球比赛 24 s 计时器电路。 2. 能用 VHDL 语言和原理图混合输入方法实现电路功能。 3. 能正确进行电路编译仿真。 4. 能正确进行设计电路的下载和验证	学生自评（10分）	
		小组互评（10分）	
		教师考评（40分）	
		能力总评	

4.5.3 任务3：直流电动机测速器设计

直流电机测速器设计

直流电机测速器

1. 任务目标

（1）熟练掌握 Quartus Ⅱ 软件的使用流程。

（2）熟悉层次化设计编程方法。

（3）能够通过波形分析和器件下载验证电路性能。

2. 任务原理

直流电动机可通过调整电枢电压改变转速，为了能够测定出直流电动机在单位时间内转子旋转了多少个周期，可在电动机的外部电路中加入一个开关型霍尔元件，同时在电子转子的转盘上加入一个能够使霍尔元件产生输出的带有磁场的磁钢片。当电动机旋转时，带动转盘上的磁钢片一起旋转，当磁钢片转到霍尔元件的上方时，霍尔元件的输出端由高电平变为低电平，当磁钢片转过霍尔元件上方后，霍尔元件又恢复高电平输出，因此电动机每旋转一周，就会使霍尔元件的输出端产生一个低脉冲，我们就可以通过检测单位时间内霍尔元件输出端的低脉冲个数来推算出直流电动机在单位时间内的转速。

3. 任务设计

电动机的转速是指每分钟多少转，单位是 r/min，直流电动机测速器测量过程中，为减少转速刷新的时间，通常都是 5~10 s 刷新一次，如果每 6 s 刷新一次，那么相当于只记录了 6 s 内的电动机转速，把记录的数据乘以 10 即得到一分钟的转速，最后将这个数据在数码管上显示出来。

整个系统可分为 4 个模块，测频控制模块 TELTCL 在时钟的作用下生成测频控制信号，十进制计数器模块 CNT10 用来计数，显示控制模块 DISPLAY 用来译码显示数据，为了使显示的数据能够在数码管上稳定显示，在数据输出时加入一个 16 位的锁存器模块 SEG32B，把锁存的数据送给数码管，这样就不会因为计数过程中数据的变化而使数码管显示不断变化。

读取数据和显示数据的控制信号时序图如图 4-9 所示。

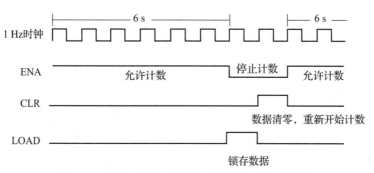

图 4-9 读取数据和显示数据的控制信号时序图

1）测频控制模块

在模块中产生 1 Hz 时钟信号，并实现 6 s 计数、数据清零和锁存。

其 VHDL 参考程序如下：

```vhdl
library ieee;
use ieee.std_logic_1164.all;
use ieee.std_logic_arith.all;
use ieee.std_logic_unsigned.all;
------------------------------------------------------------------
entity teltcl is
  port( clk: in std_logic;              -- 时钟输入 1 MHz
        ena : out std_logic;            -- 允许计数
        clr : out std_logic;            -- 计数器清零信号产生
        load : out std_logic            -- 锁存、显示输出允许
      );
end teltcl;
------------------------------------------------------------------
architecture behave of teltcl is
  signal clk1hz :std_logic;                       --1 Hz 时钟信号
  signal count : std_logic_vector(2 downto 0);    --6 s 计数
  signal clr1 :std_logic;                         -- 清零信号
  signal ena1 :std_logic;                         -- 允许计数信号
  signal load1 :std_logic;                        -- 锁存信号
  signal cq1,cq2,cq3,cq4 : INTEGER RANGE 0 TO 15; -- 计数数据
    begin
    process(clk)                                  --1 Hz 信号产生
      variable cnttemp : INTEGER RANGE 0 TO 999999;
    begin
        IF clk ='1' AND clk'event THEN
          IF cnttemp = 999999 THEN cnttemp: = 0;
            ELSE
            IF cnttemp < 500000 THEN clk1hz <='1';   -- 计数小于0.5M输出高电平
              ELSE clk1hz <='0';                     -- 计数大于0.5M输出低电平
            END IF;
            cnttemp: = cnttemp +1;
          END IF;
        end if;
    end process;
    process(clk1hz)                               -- 按控制时序实现 6 s 计数
      begin
        if(clk1hz'event and clk1hz ='1') then
            count <= count +1;
            if count < 6 then
              ena1 <='1';load1 <='0';clr1 <='0';    --6 s 内允许计数
              elsif count = 6 then
                load1 <='1';ena1 <='0';clr1 <='0';  -- 到 6 s 停止计数,锁存数据
                elsif count = 7 then                -- 到 7 s 清零
                  ena1 <='0';load1 <='0';clr1 <='1';
            end if;
```

```
            end if;
            ena <= ena1; load <= load1; clr <= clr1;        -- 中间信号送输出端
        end process;
end behave;
```

2) 十进制计数器模块

由四个十进制计数器模块对直流电动机进行计数,输入时钟信号 MOTOR 为霍尔元件产生的脉冲信号。其 VHDL 参考程序如下:

```
LIBRARY IEEE;
USE IEEE.STD_LOGIC_1164.ALL;
--------------------------------------------------------------------
ENTITY CNT10 IS
    PORT (CLK:IN STD_LOGIC;                -- MOTOR 脉冲信号
          CLR:IN STD_LOGIC;                -- 清零
          ENA:IN STD_LOGIC;                -- 使能
          CQ :OUT INTEGER RANGE 0 TO 15;   -- 输出计数
          CARRY_OUT:OUT STD_LOGIC);        -- 进位

END CNT10;
--------------------------------------------------------------------
ARCHITECTURE ART OF CNT10 IS
SIGNAL CQI :INTEGER RANGE 0 TO 15;         -- 中间信号
BEGIN
PROCESS(CLK,ENA) IS
BEGIN
    IF CLR = '1' THEN CQI <= 0;            -- 清零
        elsIF CLK'EVENT AND CLK = '1' THEN
            IF ENA = '1' THEN
                iF CQI >9 THEN cqi <=1;    -- 计数大于 9 变为 1
                  ELSE CQI <= cqi +1;
                END IF;
            END IF;
    END IF;
END PROCESS;
PROCESS (CQI) IS
    BEGIN
       IF CQI =10 THEN CARRY_OUT <= '1';   -- 计到 10 进位
           ELSE CARRY_OUT <= '0';
       END IF;
 END PROCESS;
    CQ <= CQI;
END ART;
```

3) 锁存器模块

在锁存控制信号的作用下,将计数值锁存送给数码管显示,保证计数过程中数码管数据显示稳定。其 VHDL 参考程序如下:

```vhdl
LIBRARY IEEE;
USE IEEE.STD_LOGIC_1164.ALL;
-----------------------------------------------------------------
ENTITY REG32B IS
    PORT(LOAD: IN STD_LOGIC;
         DIN: IN STD_LOGIC_VECTOR(15 DOWNTO 0);
         DOUT: OUT STD_LOGIC_VECTOR(15 DOWNTO 0));
END ENTITY REG32B;
-----------------------------------------------------------------
ARCHITECTURE ART OF REG32B IS
BEGIN
PROCESS ( LOAD, DIN ) IS
BEGIN
    IF LOAD'EVENT AND LOAD = '1'
        THEN DOUT <= DIN;    -- 锁存输入数据
    END IF;
END PROCESS;
END ART;
```

4) 显示模块

显示译码，将锁存的数据在数码管上显示出来。其 VHDL 参考程序如下：

```vhdl
LIBRARY IEEE;
use ieee.std_logic_1164.all;
use ieee.std_logic_unsigned.all;
-----------------------------------------------------------------
entity display is
port(
  in3,in2,in1,in0:in std_logic_vector(3 downto 0);   -- 千、百、十、位数据
  lout7:out std_logic_vector(7 downto 0);            -- 数码管段码
  SEL:OUT STD_LOGIC_VECTOR(2 DOWNTO 0);              -- 数码管位码
  clk:in std_logic                                    -- 扫描时钟
  );
end display;
-----------------------------------------------------------------
architecture phtao of display is
signal s:std_logic_vector(2 downto 0);
signal lout4:std_logic_vector(3 downto 0);

begin
process (clk)                           -- 位码扫描计数
begin
if (clk'event and clk ='1')then
  if (s = "111") then
     s <= "000";
  else s <= s +1;
```

```vhdl
        end if;
    end if;
    sel <= s;
end process;
process (s)
begin
    case s is
        when "000" => lout4 <= "1111";  --让 8 个数码管第 1 个显示横杠
        when "001" => lout4 <= "1111";  --让 8 个数码管第 2 个显示横杠
        when "010" => lout4 <= in2;     --定义数据最高位
        when "011" => lout4 <= in1;     --定义数据次高位
        when "100" => lout4 <= in0;     --定义数据低位
        when "101" => lout4 <= "0000";  --数据最后一位补 0
        when "110" => lout4 <= "1111";  --让 8 个数码管第 7 个显示横杠
        when "111" => lout4 <= "1111";  --让 8 个数码管第 8 个显示横杠
        when others => lout4 <= "XXXX";
    end case;

    case lout4 is
        when "0000" => lout7 <= "00111111";  --0~9 译码
        when "0001" => lout7 <= "00000110";
        when "0010" => lout7 <= "01011011";
        when "0011" => lout7 <= "01001111";
        when "0100" => lout7 <= "01100110";
        when "0101" => lout7 <= "01101101";
        when "0110" => lout7 <= "01111101";
        when "0111" => lout7 <= "00000111";
        when "1000" => lout7 <= "01111111";
        when "1001" => lout7 <= "01100111";
        when "1010" => lout7 <= "00111111";
        when "1111" => lout7 <= "01000000";  --横杠译码
        when others => lout7 <= "XXXXXXXX";
    end case;
end process;
end phtao;
```

当所有模块符号文件都创建完成后,再新建一个图形编辑文件,打开图形编辑器对话框,调入时序控制模块和显示控制模块符号,放置输入/输出引脚,进行符号之间的连线,设计完成后的电路如图 4-10 所示。

4. 任务实施

层次化设计输入后,进行项目编译,仿真正确后可以分配引脚,重新编译生成下载文件,下载到 EDA 开发板上,检测直流电动机的转速。

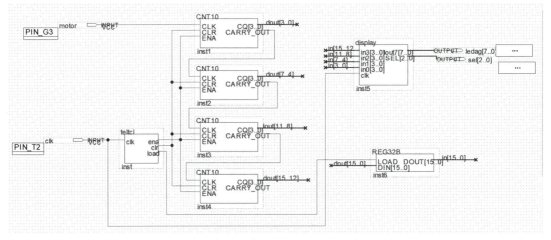

图 4－10 直流电动机测速器电路

5. 直流电动机测速器技能考核（表 4－3）

表 4－3 直流电动机测速器技能考核

学号		姓名		小组成员	
安全评价	违反用电安全规定、故意损坏仪器，无成绩		总评成绩		
素质评价	1. 职业素养：遵守职业规范和操作要求，注意用电安全，仪器设备使用完毕后断电，并放于指定位置。 2. 劳动素养：实践结束后，能整理清洁好工作台面，桌椅摆放整齐，保持良好学习环境。 3. 合作意识：小组成员之间互帮互助，具有团队协作精神			学生自评（2分）	
				小组互评（2分）	
				教师考评（6分）	
				素质总评	
知识评价	1. 熟悉 Quartus Ⅱ 软件的使用。 2. 掌握层次化电路输入方法。 3. 掌握直流电动机测速器设计原理。 4. 掌握 VHDL 语言和原理图混合设计方法			学生自评（10分）	
				教师考评（20分）	
				知识总评	
能力评价	1. 能设计直流电动机测速器电路。 2. 能用 VHDL 语言和原理图混合输入方法实现电路功能。 3. 能正确进行电路编译仿真。 4. 能正确进行设计电路的下载和验证			学生自评（10分）	
				小组互评（10分）	
				教师考评（40分）	
				能力总评	

4.6 拓展训练任务

拓展训练任务内容和基础训练相比难度有一定的提升,通过基础任务的练习后,进行拓展任务的训练,会进一步加深对使用 VHDL 语言层次化设计输入方法的理解,可根据自己的实际情况选择练习。

4.6.1 任务 1:智能函数发生器的设计

1. 任务目标

(1)熟练掌握 Quartus Ⅱ 软件的使用流程。
(2)熟悉 VHDL 语言层次化输入设计方法。
(3)能够通过波形分析和器件下载验证电路性能。

智能函数发生器的设计

智能函数发生器

2. 任务原理

该函数发生器由 7 个模块组成:递增斜波模块(ZENG)、递减斜波模块(JIAN)、三角波模块(DELTA)、阶梯波模块(LADDER)、方波模块(SQUARE)、正弦波模块(SIN)、波形选择模块(SEL)。它能够产生递增斜波、递减斜波、方波、三角波、正弦波和阶梯波,这些波形通过选择模块控制输出的相应波形。智能函数发生器的总体框图如图 4-11 所示。

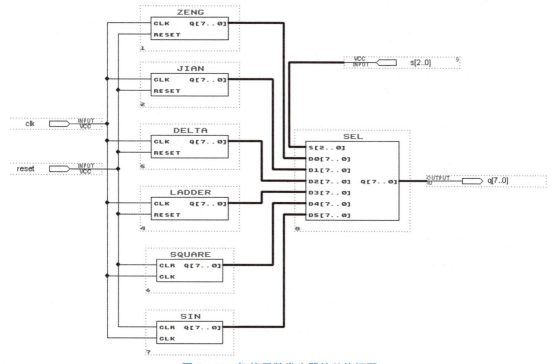

图 4-11 智能函数发生器的总体框图

3. 任务设计

各模块的 VHDL 语言源程序如下：

1）递增斜波模块（ZENG）

模块 ZENG 如图 4-12 所示。

图 4-12　模块 ZENG

```
LIBRARY IEEE;
USE IEEE.STD_LOGIC_1164.ALL;
USE IEEE.STD_LOGIC_UNSIGNED.ALL;
--------------------------------------------------------------------
ENTITY ZENG IS
  PORT(clk,reset:in std_logic;
       q:out std_logic_vector(7 downto 0));
END ZENG;
--------------------------------------------------------------------
ARCHITECTURE AA OF ZENG IS
BEGIN
  PROCESS(clk,reset)
  VARIABLE tmp:std_logic_vector(7 downto 0); --定义1个八位中间变量
    BEGIN
      IF reset ='0' THEN                     --异步清零
        tmp: = "00000000";
      ELSIF clk'event and clk ='1' THEN      --时钟上升沿
        IF tmp = "11111111" THEN             --加1计数计满清零
          tmp: = "00000000";
        ELSE
          tmp: = tmp +1;
        END IF;
      END IF;
    q <= tmp;
  END PROCESS;
END AA;
```

2）递减斜波模块（JIAN）

模块 JIAN 如图 4-13 所示。

图 4-13　模块 JIAN

```
LIBRARY IEEE;
USE IEEE.STD_LOGIC_1164.ALL;
USE IEEE.STD_LOGIC_UNSIGNED.ALL;
---------------------------------------------------------------
ENTITY JIAN IS
  PORT(clk,reset:in std_logic;
       q:out std_logic_vector(7 downto 0));
END JIAN;
---------------------------------------------------------------
ARCHITECTURE AA OF JIAN IS
BEGIN
  PROCESS(clk,reset)
  VARIABLE tmp:std_logic_vector(7 downto 0);
    BEGIN
      IF reset ='0' THEN
        tmp: = "11111111";
      ELSIF clk'event and clk ='1' THEN
        IF tmp = "00000000" THEN       -- 减到 0 从全 1 开始
          tmp: = "11111111";
        ELSE                           -- 未到 0 继续减 1 计数
          tmp: = tmp -1;
        END IF;
      END IF;
    q < = tmp;
  END PROCESS;
END AA;
```

3) 三角波模块（DELTA）

模块 DELTA 如图 4 – 14 所示。

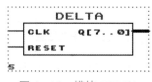

图 4 – 14　模块 DELTA

```
LIBRARY IEEE;
USE IEEE.STD_LOGIC_1164.ALL;
USE IEEE.STD_LOGIC_UNSIGNED.ALL;
---------------------------------------------------------------
ENTITY DELTA IS
  PORT(clk,reset:in std_logic;
       q:out std_logic_vector(7 downto 0));
END DELTA;
---------------------------------------------------------------
ARCHITECTURE AA OF DELTA IS
```

```
BEGIN
  PROCESS(clk,reset)
  VARIABLE tmp:std_logic_vector(7 downto 0);      --定义中间变量
  VARIABLE a:std_logic;
  BEGIN
      IF reset = '0' THEN
        tmp: = "00000000";
      ELSIF clk'event and clk = '1' THEN
        IF a = '0' THEN                            --a为低电平
          IF tmp = "11111000" THEN                 -- 如果计数到11111000
            tmp: = "11111111";                     -- 赋值为全1
            a: = '1';                              -- a置高电平变成减法计数
          ELSE                                     -- 如果没计数到1111000
            tmp: = tmp + 8;                        --继续加8计数
          END IF;
        ELSE                                       --a为高电平
          IF tmp = "00000111" THEN                 -- 如果计数到00000111
            tmp: = "00000000";                     -- 赋值为全0
            a: = '0';                              -- a置低电平变成加法计数
          ELSE                                     -- 如果没计数到00000111
            tmp: = tmp - 8;                        --继续减8计数
          END IF;
        END IF;
      q <= tmp;
      END IF;
  END PROCESS;
END AA;
```

4) 阶梯波模块（LADDER）

模块 LADDER 如图 4-15 所示。

图 4-15　模块 LADDER

```
LIBRARY IEEE;
USE IEEE.STD_LOGIC_1164.ALL;
USE IEEE.STD_LOGIC_UNSIGNED.ALL;
----------------------------------------------------------------
ENTITY ladder IS
  PORT(clk,reset:in std_logic;
       q:out std_logic_vector(7 downto 0));
END ladder;
----------------------------------------------------------------
```

```
ARCHITECTURE AA OF ladder IS
BEGIN
  PROCESS(clk,reset)
  VARIABLE tmp:std_logic_vector(7 downto 0);
  VARIABLE a:std_logic;
  BEGIN
      IF reset ='0' THEN                    --异步清零
        tmp: = "00000000";
      ELSIF clk'event and clk ='1' THEN
        IF a ='0' THEN                      -- 中间变量a为低电平
          IF tmp = "11111111" THEN          --如果计数到全1则清零
            tmp: = "00000000";
            a: ='1';                        -- a置高电平
          ELSE                              --如果计数没到全1
            tmp: = tmp +16;                 --加16计数,a置高电平
            a: ='1';
          END IF;
        ELSE                                --中间变量a为高电平时
          a: ='0';                          -- a再置低电平形成阶梯状波形
        END IF;
      END IF;
    q <= tmp;
  END PROCESS;
END AA;
```

5）方波模块（SQUARE）

模块 SQUARE 如图 4-16 所示。

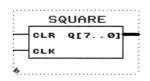

图 4-16　模块 SQUARE

```
LIBRARY IEEE;
USE IEEE.STD_LOGIC_1164.ALL;
-----------------------------------------------------------------
ENTITY square IS
  PORT(clr,clk:in std_logic;
       q:out integer range 0 to 255);
END square;
-----------------------------------------------------------------
ARCHITECTURE aa OF square IS
SIGNAL a:BIT;
BEGIN
```

```
  PROCESS(clr,clk)
    VARIABLE b:integer;        --定义1个中间整型变量
  BEGIN
     IF clr ='0' THEN
       a <='0';
     ELSIF clk'event and clk ='1' THEN
       IF b < 31 THEN           --每32个时钟翻转一次,64个时钟为一个周期
         b: = b +1;              --b小于31时加1计数
       ELSE                      --b大于31时清零,a取反
         b: = 0;
         a <= not a;
       END IF;
     END IF;
  END PROCESS;
  PROCESS(clk,a)
  BEGIN
     IF clk'event and clk ='1' THEN
       IF a ='1' THEN           --a为高电平输出最大值,低电平输出最小值
         q <= 255;
       ELSE
         q <= 0;
       END IF;
     END IF;
  END PROCESS;
END aa;
```

6) 正弦波模块（SIN）

模块 SIN 如图 4-17 所示。

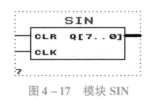

图 4-17 模块 SIN

```
LIBRARY IEEE;
USE IEEE.STD_LOGIC_1164.ALL;
USE IEEE.STD_LOGIC_UNSIGNED.ALL;
--------------------------------------------------------------
ENTITY sin IS
  PORT(clr,clk:in std_logic;
       q:out integer range 0 to 255);  --定义输出范围0~255
END sin;
--------------------------------------------------------------
ARCHITECTURE aa OF sin IS
BEGIN
```

```
PROCESS(clr,clk)
  VARIABLE a:integer range 0 to 63;   --定义中间变量范围 0~630
  BEGIN
    IF clr ='0' THEN
      q <=0;
    ELSIF clk'event and clk ='1' THEN
      IF a =63 THEN
        a: = 0;
      ELSE
        a: = a +1;
      END IF;
      CASE a IS   --0 到 31 取值 255~0,32 到 63 取值 0~255 形成正弦波形
        WHEN 0 =>q <=255; WHEN 1 =>q <=254; WHEN 2 =>q <=252;
        WHEN 3 =>q <=249; WHEN 4 =>q <=245; WHEN 5 =>q <=239;
        WHEN 6 =>q <=233; WHEN 7 =>q <=225; WHEN 8 =>q <=217;
        WHEN 9 =>q <=207; WHEN 10 =>q <=197; WHEN 11 =>q <=186;
        WHEN 12 =>q <=174; WHEN 13 =>q <=162; WHEN 14 =>q <=150;
        WHEN 15 =>q <=137; WHEN 16 =>q <=124; WHEN 17 =>q <=112;
        WHEN 18 =>q <=99; WHEN 19 =>q <=87; WHEN 20 =>q <=75;
        WHEN 21 =>q <=64; WHEN 22 =>q <=53; WHEN 23 =>q <=43;
        WHEN 24 =>q <=34; WHEN 25 =>q <=26; WHEN 26 =>q <=19;
        WHEN 27 =>q <=13; WHEN 28 =>q <=8; WHEN 29 =>q <=4;
        WHEN 30 =>q <=1; WHEN 31 =>q <=0; WHEN 32 =>q <=0;
        WHEN 33 =>q <=1; WHEN 34 =>q <=4; WHEN 35 =>q <=8;
        WHEN 36 =>q <=13; WHEN 37 =>q <=19; WHEN 38 =>q <=26;
        WHEN 39 =>q <=34; WHEN 40 =>q <=43; WHEN 41 =>q <=53;
        WHEN 42 =>q <=64; WHEN 43 =>q <=75; WHEN 44 =>q <=87;
        WHEN 45 =>q <=99; WHEN 46 =>q <=112; WHEN 47 =>q <=124;
        WHEN 48 =>q <=137; WHEN 49 =>q <=150; WHEN 50 =>q <=162;
        WHEN 51 =>q <=174; WHEN 52 =>q <=186; WHEN 53 =>q <=197;
        WHEN 54 =>q <=207; WHEN 55 =>q <=217; WHEN 56 =>q <=225;
        WHEN 57 =>q <=233; WHEN 58 =>q <=239; WHEN 59 =>q <=245;
        WHEN 60 =>q <=249; WHEN 61 =>q <=252; WHEN 62 =>q <=254;
        WHEN 63 =>q <=255;WHEN OTHERS =>NULL;
      END CASE;
    END IF;
  END PROCESS;
END aa;
```

7）波形选择模块（SEL）

模块 SEL 如图 4 – 18 所示。

```
LIBRARY IEEE;
USE IEEE.STD_LOGIC_1164.ALL;
-----------------------------------------------------------------
ENTITY sel IS
```

```
    PORT(s:in std_logic_vector(2 downto 0);
         d0,d1,d2,d3,d4,d5:in std_logic_vector(7 downto 0);
         q:out std_logic_vector(7 downto 0));
END sel;
--------------------------------------------------------------
ARCHITECTURE aa OF sel IS
BEGIN
  PROCESS(s)    --选择不同波形输出
  BEGIN
    CASE s IS
      WHEN "000" => q <= d0;
      WHEN "001" => q <= d1;
      WHEN "010" => q <= d2;
      WHEN "011" => q <= d3;
      WHEN "100" => q <= d4;
      WHEN "101" => q <= d5;
      WHEN OTHERS => NULL;
    END CASE;
  END PROCESS;
END aa;
```

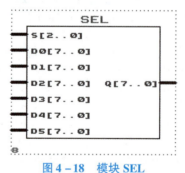

图 4-18　模块 SEL

4. 任务实施

层次化设计输入后进行项目编译，仿真正确后可以分配引脚，重新编译生成下载文件，下载到 EDA 开发板上，检测是否符合智能函数发生器的功能。

4.6.2 任务2：数字频率计的设计

数字频率计的设计

1. 任务目标
（1）熟练掌握 Quartus Ⅱ 软件的使用流程。
（2）熟悉 VHDL 语言层次化输入设计方法。
（3）能够通过波形分析和器件下载验证电路性能。

2. 任务原理

数字频率计的
设计实验结果

频率就是周期性信号在单位时间（1 s）内产生的脉冲个数，若在一定时间间隔 T 内测得的脉冲数为 N，则频率表达式为 $f = N/T$，即计数器在 1 s 内所计的脉冲数，就是被测信号的频率。频率测量范围为 1 ~ 99 999 999 Hz。

数字频率计总体框图如图 4-19 所示。它由 6 个模块组成：产生 1 Hz 闸门信号和 1 kHz 显示扫描信号的时钟分频输出模块（CLKOUT），被测信号源选择模块（MUX），在时钟作用下生成测频控制信号的测频控制模块（TETLCL），十进制计数器模块（CNT10），在锁存控制信号作用下将计数值进行锁存的 32 位锁存器模块（REG32B）控制锁存数据显示的显示译码模块（DISPLAY）。

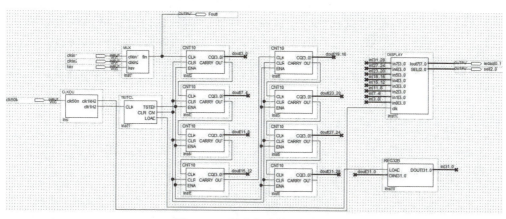

图 4-19 数字频率计总体框图

3. 任务设计

各模块的 VHDL 语言源程序如下：

1) 时钟分频输出模块（CLKOUT）

把 50 MHz 的输入时钟分频输出 1 Hz 闸门信号和 1 kHz 显示扫描信号。其模块 CLKOUT 如图 4-20 所示。

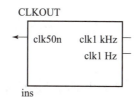

图 4-20 模块 CLKOUT

VHDL 源程序如下：

```
LIBRARY IEEE;
USE IEEE.STD_LOGIC_1164.ALL;
USE IEEE.STD_LOGIC_UNSIGNED.ALL;
----------------------------------------------------------------
ENTITY clkout IS
   PORT ( clk50m : IN STD_LOGIC;           -- 50 MHz
          clk1kHZ : OUT STD_LOGIC;          -- 1 kHz
          clk1HZ : OUT STD_LOGIC);          -- 1 Hz
END clkout;
----------------------------------------------------------------
ARCHITECTURE A OF clkout IS
BEGIN
PROCESS(clk50m)                    -- 生成 1 kHz 信号
   variable cnttemp : INTEGER RANGE 0 TO 99999; -- 定义中间变量范围
BEGIN
   IF clk50m = '1' AND clk50m'event THEN
      IF cnttemp = 49999 THEN cnttemp: = 0;     -- 计数到 49 999 清零
         ELSE
           IF cnttemp < 25000 THEN clk1khz <= '1'; -- 计数小于 25 000 输出高电平
              ELSE clk1khz <= '0';                 -- 计数不小于 25 000 输出低电平
           END IF;
              cnttemp: = cnttemp +1;               -- 计数未到 49 999 继续计数
         END IF;
   END IF;
END PROCESS;
PROCESS(clk50m)                              -- 生成 1 Hz 信号
   variable cnt : INTEGER RANGE 0 TO 49999999;
BEGIN
   IF clk50m = '1' AND clk50m'event THEN
      IF cnt = 49999999 THEN cnt: = 0;
         ELSE
           IF cnt < 25000000 THEN clk1hz <= '1';
              ELSE clk1hz <= '0';
           END IF;
              cnt: = cnt +1;
         END IF;
   END IF;
END PROCESS;
END A;
```

2) 被测信号源选择模块（MUX）

该模块可以通过按键来选择测量系统内部时钟还是外部输入时钟频率。

模块 MUX 如图 4-21 所示，VHDL 源程序如下：

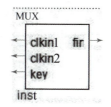

图 4-21 模块 MUX

```vhdl
library ieee;
use ieee.std_logic_1164.all;
use ieee.std_logic_arith.all;
use ieee.std_logic_unsigned.all;
------------------------------------------------------------------
entity mux is
    port( clkin1 : in std_logic;      --外部输入时钟
          clkin2 : in std_logic;      --系统内部时钟
          key : in std_logic;
          fin : out std_logic
        );
end mux;
------------------------------------------------------------------
architecture behave of mux is
   begin
     process(key)
       begin
         if key ='1' then
            fin <= clkin1;  --key 高电平测量外部时钟
         else
            fin <= clkin2;  --key 低电平测量内部时钟
           end if;
        end process;
   end behave;
```

3）测频控制模块（TELTCL）

在 1 Hz 时钟信号作用下生成十进制计数器模块（CNT10）的使能端、清零端测频控制信号、生成计数值锁存的 32 位锁存器模块（REG32B）的锁存控制信号。

模块 TELTCL 如图 4-22 所示，VHDL 源程序如下：

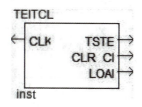

图 4-22 模块 TELTCL

```
LIBRARY IEEE;
USE IEEE.STD_LOGIC_1164.ALL;
USE IEEE.STD_LOGIC_UNSIGNED.ALL;
---------------------------------------------------------------
ENTITY TElTCL IS
  PORT ( CLK: IN STD_LOGIC;
        TSTEN: OUT STD_LOGIC;
        CLR_CNT: OUT STD_LOGIC;
        LOAD: OUT STD_LOGIC);
  END TElTCL;
---------------------------------------------------------------
ARCHITECTURE ART OF TElTCL IS
SIGNAL DIV2CLK :STD_LOGIC;    --定义使能信号
SIGNAL CLR :STD_LOGIC;         --定义清零信号
SIGNAL loadcnt :STD_LOGIC;     --定义锁存信号
BEGIN
  PROCESS ( CLK ) IS
    BEGIN
      IF CLK'EVENT AND CLK = '1'THEN
         DIV2CLK <= NOT DIV2CLK;   --取反生成使能信号
      END IF ;
    END PROCESS;
  PROCESS ( CLK,DIV2CLK )
    BEGIN
      IF CLK = '0' AND DIV2CLK = '0' THEN
           CLR <= '1';              --生成清零信号
        ELSE CLR <= '0';
      END IF;
    END PROCESS;
      LOAD <= not DIV2CLK;          --生成锁存信号
      TSTEN <= DIV2CLK;CLR_CNT <= CLR;
END ARCHITECTURE ART;
```

4）十进制计数器模块（CNT10）

十进制计数器模块 CNT10 如图 4-23 所示，其 VHDL 语言源程序如下：

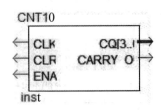

图 4-23　模块 CNT10

```vhdl
LIBRARY IEEE;
USE IEEE.STD_LOGIC_1164.ALL;
------------------------------------------------------------------
ENTITY CNT10 IS
    PORT (CLK:IN STD_LOGIC;
          CLR:IN STD_LOGIC;
          ENA:IN STD_LOGIC;
          CQ :OUT INTEGER RANGE 0 TO 15;
          CARRY_OUT:OUT STD_LOGIC);
 END CNT10;
------------------------------------------------------------------
ARCHITECTURE ART OF CNT10 IS
SIGNAL CQI :INTEGER RANGE 0 TO 15;
BEGIN
PROCESS(CLK,ENA) IS
BEGIN
   IF CLR = '1' THEN CQI <= 0;
     elsIF CLK'EVENT AND CLK = '1' THEN
         IF ENA = '1' THEN
           iF CQI = 10 THEN CQI <=1;  --计数到10置为1
             ELSE CQI <= CQI +1;      --未到10继续计数
             END IF;
           END IF;
   END IF;
END PROCESS;
PROCESS (CQI) IS
    BEGIN
      IF CQI = 10 THEN CARRY_OUT <= '1';  --计数到10进位
           ELSE CARRY_OUT <= '0';
         END IF;
END PROCESS;
    CQ <= CQI;
END ART;
```

5) 32位锁存器模块（REG32B）

32位锁存器模块（REG32B）将计数值锁存的电路。模块REG32B如图4-24所示，其VHDL语言源程序如下：

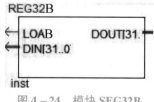

图4-24　模块SEG32B

```
LIBRARY IEEE;
USE IEEE.STD_LOGIC_1164.ALL;
------------------------------------------------------------------
ENTITY REG32B IS
  PORT(LOAD: IN STD_LOGIC;
       DIN: IN STD_LOGIC_VECTOR(31 DOWNTO 0);
       DOUT: OUT STD_LOGIC_VECTOR(31 DOWNTO 0));
 END ENTITY REG32B;
------------------------------------------------------------------
ARCHITECTURE ART OF REG32B IS
BEGIN
PROCESS ( LOAD, DIN ) IS
BEGIN
    IF LOAD'EVENT AND LOAD = '1'
       THEN DOUT <= DIN;        --上升沿输入锁存到输出端
    END IF;
END PROCESS;
END ART;
```

6) 显示译码模块 (DISPLAY)

显示译码模块 (DISPLAY) 是将锁存的数据显示出来的, 模块 DISPLAY 如图 4 – 25 所示, 其 VHDL 语言源程序如下：

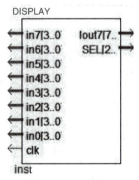

图 4 – 25　模块 DISPLAY

```
LIBRARY IEEE;
use ieee.std_logic_1164.all;
use ieee.std_logic_unsigned.all;
------------------------------------------------------------------
entity display is
port(in7,in6,in5,in4,in3,in2,in1,in0:in std_logic_vector(3 downto 0);
    lout7:out std_logic_vector(7 downto 0);
    SEL:OUT STD_LOGIC_VECTOR(2 DOWNTO 0);
    clk:in std_logic);
end display;
------------------------------------------------------------------
```

```vhdl
architecture phtao of display is
signal s:std_logic_vector(2 downto 0);
signal lout4:std_logic_vector(3 downto 0);
begin
process (clk)
begin
if (clk'event and clk ='1')then   --扫描计数
    if (s = "111") then
        s <= "000";
    else s <= s +1;
    end if;
    end if;
    sel <= s;
end process;
process (s)
begin
    case s is                       --8个数码管输出显示
        when "000" => lout4 <= in7;
        when "001" => lout4 <= in6;
        when "010" => lout4 <= in5;
        when "011" => lout4 <= in4;
        when "100" => lout4 <= in3;
        when "101" => lout4 <= in2;
        when "110" => lout4 <= in1;
        when "111" => lout4 <= in0;
        when others => lout4 <= "XXXX";
    end case;
    case lout4 is                   --0~9段码
        when "0000" => lout7 <= "11111100";
        when "0001" => lout7 <= "01100000";
        when "0010" => lout7 <= "11011010";
        when "0011" => lout7 <= "11110010";
        when "0100" => lout7 <= "01100110";
        when "0101" => lout7 <= "10110110";
        when "0110" => lout7 <= "10111110";
        when "0111" => lout7 <= "11100000";
        when "1000" => lout7 <= "11111110";
        when "1001" => lout7 <= "11100110";
        when "1010" => lout7 <= "11111100";
        when others => lout7 <= "XXXXXXXX";
    end case;
end process;
end phtao;
```

4. 任务实施

层次化设计输入后进行项目编译,仿真正确后可以分配引脚,重新编译生成下载文件,下载到 EDA 开发板上,检测是否符合数字频率计的功能。

项目五

Altium Designer 电路原理图设计

项目目标

1. 了解 Altium Designer 软件常用功能。
2. 学会安装设置 Altium Designer 软件。
3. 掌握元件绘制工具与参数设置方法。
4. 掌握 Altium Designer 软件原理图绘制。

项目任务

1. 安装设置 Altium Designer 软件。
2. 能使用 Altium Designer 软件绘制电路原理图。
3. 能编译修改绘制的电路原理图。
4. 能设置元件属性。

职业能力

根据任务要求,查找相关资料,培养自主学习意识和资讯搜集能力。

职业素养

着手开展一项新的工作时,应尽可能将准备工作准备充分。

5.1 项目设计内容描述

电路原理图及 PCB 的设计,是电子设计自动化技术中最基本的能力要求,电路原理图是一个电路板的构架和灵魂,原理图中包含了电路板中的所有信息,本项目通过"探听器电路"为例学习 PCB 设计软件 Altium Designer 的安装、设置及绘制原理图的基本方法。

项目五　Altium Designer 电路原理图设计

5.2　项目相关理论知识

5.2.1　Altium Designer 软件安装

Altium Designer 软件（简称 AD）是原 Protel 软件开发商 Altium 公司推出的一体化的电子产品开发系统，主要运行在 Windows 操作系统。这套软件通过把原理图设计、电路仿真、PCB 绘制编辑、拓扑逻辑自动布线、信号完整性分析和设计输出等技术的融合，为设计者提供了较为综合、先进的设计平台，使设计者可以轻松进行设计，熟练使用这一软件使电路设计的质量和效率大大提高。

Altium Designer 除了全面继承包括 Protel 99SE、Protel DXP 在内的先前一系列版本的功能和优点外，还增加了许多改进和很多高端功能。该平台拓宽了板级设计的传统界面，全面集成了 FPGA 设计功能和 SOPC 设计实现功能，从而允许工程设计人员能将系统设计中的 FPGA 与 PCB 设计及嵌入式设计集成在一起。其主要功能包括：原理图设计、印刷电路板设计、嵌入式开发、3D PCB 设计、封装库设计。本书将以图 5-1 所示 AD17.0.6 版本作为示例讲解。

图 5-1　Altium Designer 软件图标

1. 软件安装

初次安装通过可执行文件"AltiumDesignerSetup_17_0_6"，利用基于向导的"Altium Platform installer"进行。运行安装程序后会启动安装向导，如图 5-2 所示。

选择软件语言环境并单击 ☑ I accept the agreement，在"Select Design Functionality"页面用户可以选择初始安装需要的功能模块，其中第一项 PCB 设计模块是必须安装的，也是 PCB 设计所需要的核心模块，如图 5-3 所示。按照软件提示即可完成安装。

图 5-2　Altium Designer 软件安装向导

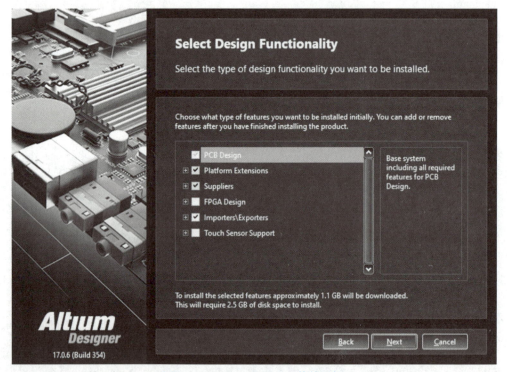

图 5-3　Altium Designer 软件图标

2. 软件界面

1）主窗口布局

打开新安装的软件，首先有必要了解一下这款软件的窗口布局，这里使用的是 Altium Designer 17 版本。主窗口主要包含了菜单栏、工具栏、状态栏、工作区面板、工作区，如图 5-4 所示。

2）菜单栏

菜单栏中，DXP 栏主要用于系统相关参数设置，如图 5-5 所示。

File 栏主要用于文件的新建、打开与保存等，如图 5-6 所示。

项目五　Altium Designer 电路原理图设计

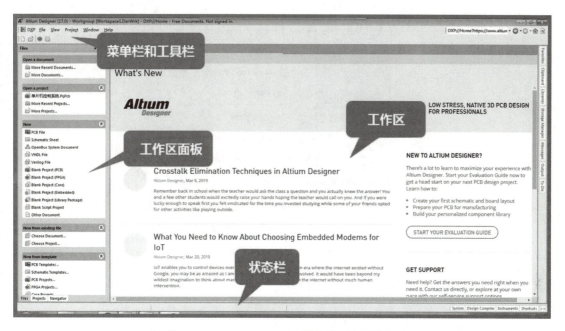

图 5–4　Altium Designer 软件窗口布局介绍

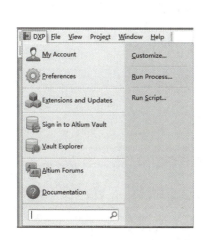

图 5–5　Altium Designer DXP 栏

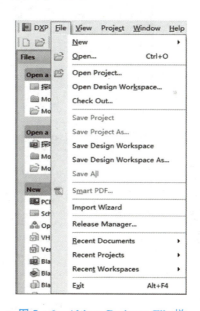

图 5–6　Altium Designer File 栏

　　View 栏主要用于工具栏、工作区面板、状态栏的显示隐藏等功能，如图 5–7 所示。
　　Help 栏可用于打开各种帮助信息，包含最新版本介绍、软件开发情况以及快捷键的说明，使用 Help 需要连接网络，单击对应的说明会跳转到相应的网页主窗口，如图 5–8 和图 5–9 所示。
　　主窗口工具栏中的工具功能比较简单，主要有四个工具。
　　工具栏：主要有四个工具可用于打开文档、打开调试的器件，以及打开工作区控制面板，如图 5–10 所示。

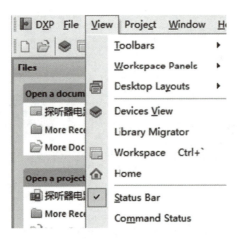

图 5-7　Altium Designer View 栏

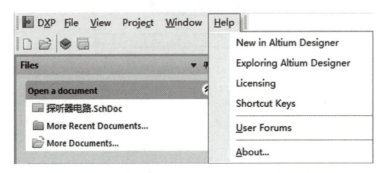

图 5-8　Altium Designer Help 栏

图 5-9　Altium Designer 网页

项目五　Altium Designer 电路原理图设计

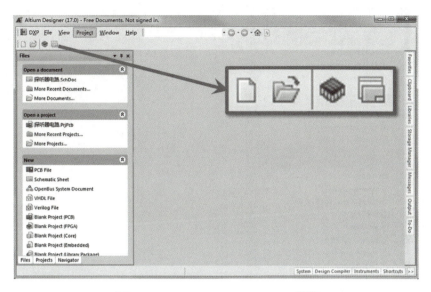

图 5–10　Altium Designer Help 工具栏

状态栏现在是空白状态。当进行原理图绘制时可以显示相应的坐标信息、参数信息以及文件信息等，如图 5–11 所示。

图 5–11　Altium Designer 状态栏

工作区面板可以通过选择下方不同的标签进行面板间的切换，使用工作区面板可以更加便捷的对设计过程进行操作，如图 5–12 所示。

5.2.2　Altium Designer 软件设置

1. 软件界面汉化

AD 软件安装完成后还需要汉化界面，当然在软件使用中，我们还是要熟悉一些常见的英文菜单选项。汉化具体过程如下：启动进入主界面之后，选择左上角"DXP→Preference"命令。在弹出的对话框中，依次选择"System→General"，在下部的"Localization"区域中选择" Use localized resources "复选框。根据提示重启软件，就能看到完成了汉化，如图 5–13 所示。

设置完后，软件不会立刻变为中文界面，这时只需将软件关闭后再打开，软件已经变成了中文界面。

173

电子设计自动化

图 5-12　Altium Designer 工作区面板

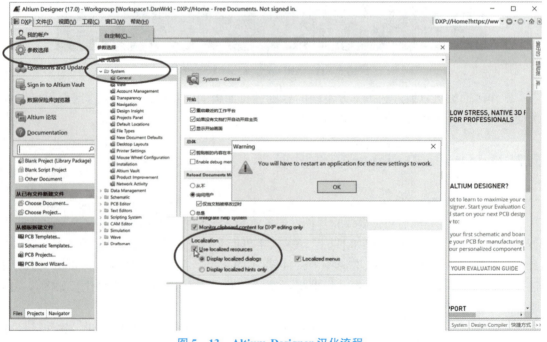

图 5-13　Altium Designer 汉化流程

2. 高亮模式设置

设计的时候有些图纸的内容复杂，设置高亮模式可以帮助我们有效聚焦和对比。这里主要介绍两种高亮模式：一种是在导航和交叉过程中的高亮模式，这种模式用于在导航和交叉探测时的高亮显示；另一种是交叉选择时的高亮显示。

具体操作流程：首先选择 DXP 菜单中的 Preferences 选项。在 System 文件夹下选择 Navigation，这时，会弹出高亮模式设置对话框，如图 5-14 所示。

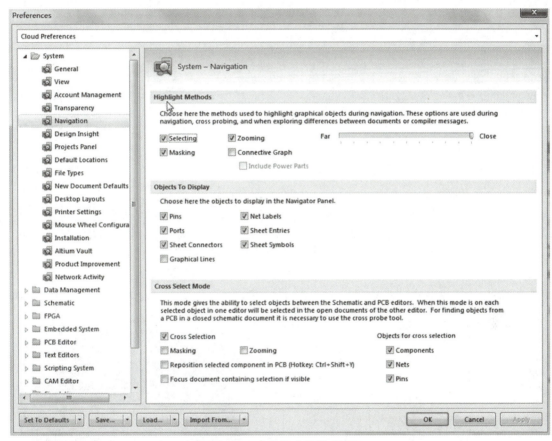

图 5-14　高亮模式设置对话框

在 Highlight Methods 区域中勾选 Selecting、Zooming、Masking 三项，Cross Select Mode 区域中勾选 Cross Selection 选项，这时会启用交叉选择模式，然后在下面可以根据自己需要选择对应的项。这里我们勾选 Masking。接下来我们观察下各种高亮模式效果。导航面板中选取对应元件的高亮效果，如图 5-15 所示。

交叉探针模式高亮效果如图 5-16 所示。

3. 文件关联的设置

AD 提供了多种文件关联的格式，设置方式：DXP 栏中选择 Preferences 选项，在 System 文件夹下选择 File Types，可以看到很多文件类型，选择自己所需的关联文件类型即可，如图 5-17 所示。

电子设计自动化

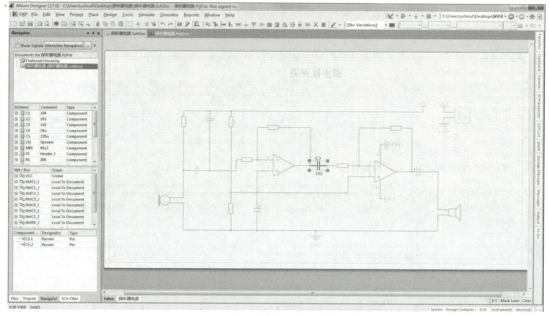

图 5-15　导航面板对应元件高亮效果

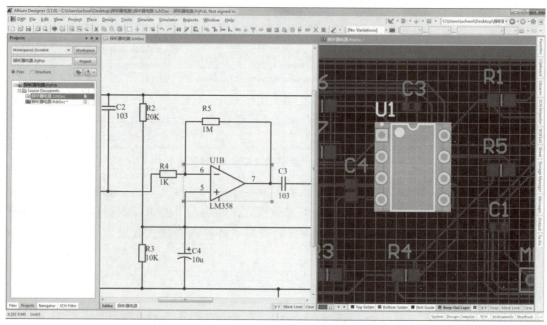

图 5-16　交叉选择模式的高亮效果

项目五　Altium Designer 电路原理图设计

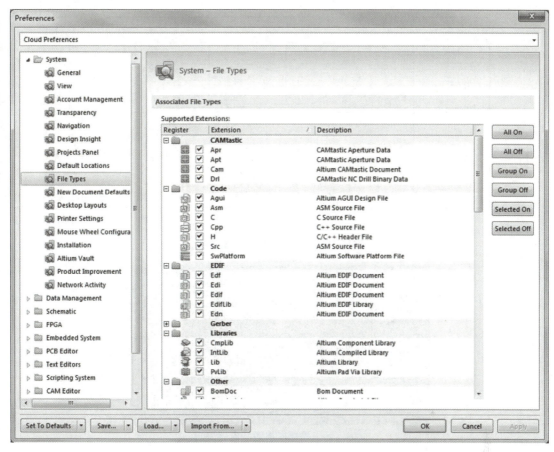

图 5-17　文件关联设置窗口

5.3　绘制电路原理图

5.3.1　项目任务详解

电路原理图设计是电路板设计的初始阶段，也是非常重要的阶段。电路原理图是一个电路板的构架和灵魂，原理图中包含了电路板中的所有信息，因此原理图设计的好坏直接关系到电路板设计的成败。这里以"探听器电路"原理图为例学习原理图设计的一般流程，这里要绘制的原理图如图 5-18 所示。

设计原理图除了满足电路的一般电气要求以外，还需要结构清晰、布局美观、方便使用者阅读，因此采用规范的设计步骤，对于设计一幅优秀的原理图是十分必要的。图 5-19 所示为电路原理图的设计流程。

177

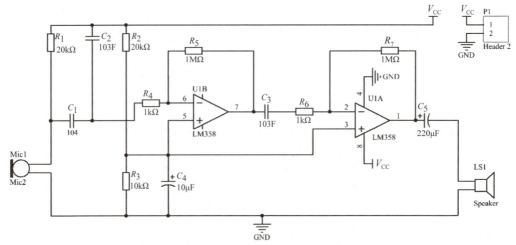

图 5-18 "探听器电路"原理图

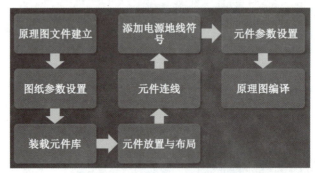

图 5-19 电路原理图的设计流程

想设计一幅规范的原理图,首先需要相应的设计环境,因此先要建立原理图文件,如图 5-20 所示。原理图里面可以添加各种元件、参数、连线等。其次是设置图纸参数,原理图图纸参数设置对于能否设计出一幅好的原理图十分关键。设置好图纸参数的原理图,图纸比例、大小布局都比较合适。

图 5-20 电路原理图文件

图纸参数设置之后就可以装载元件库，进行下一步的图形绘制。互联网有丰富齐全的元件库资源。图 5 – 21 所示为一部分元件库列表。

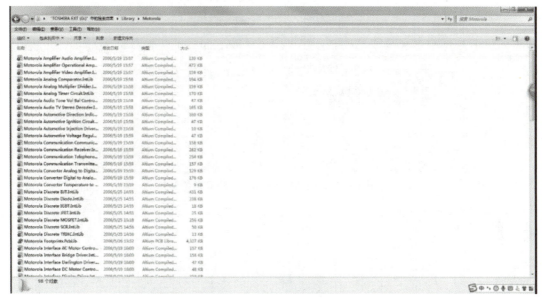

图 5 – 21　元件库列表

使用时将绘图所需的元件库完成装载，从对应的库中选择所需要的元件，合理地放置在原理图中就完成了元件的放置与布局操作，之后将元件之间用导线进行连接，完成元件的连线步骤，然后再给原理图添加电源地等符号。完成上面的步骤后还需要设置元件参数，这样原理图就绘制完成了。绘制完成后还需要进行编译，验证查找原理图中错误进行改正，这样就绘制完成一幅完整的原理图。

5.3.2　快速创建原理图

工程项目中后续的网表、印制电路板等文件的生成都依赖于原理图文件，另外原理图能比较直观地反映电路元件的连接关系，便于设计绘制与查看。所以原理图文件设计既是工程项目的第一步，也是非常重要的设计源文件。这里使用 AD 软件进行原理图绘制。

1. AD 文件管理系统简介

AD 提供了两种文件管理系统，分别是工程文档和自由文档，工程中的文档都是相互关联的，各种文件都属于这个工程项目且互相存在关联。在工程中建立的文件在打开工程时会一起显示，方便调用。自由文档是独立于工程之外的文件，可以通过鼠标拖曳等操作加入某个工程或从工程中独立出来，如图 5 – 22 所示。

2. 创建工程文档

创建原理图首先需要创建工程文档，这样才能进行后续的编译等操作。首先应当新建工程文件，单击 File→New→Project，在弹出的对话框中选择"PCB Project"，如图 5 – 23 所示。

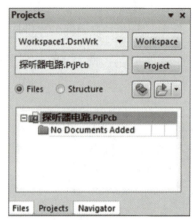

图 5-22　工程文档与无文件的工程菜单

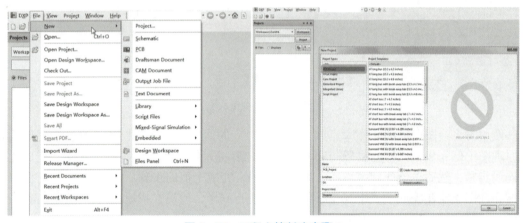

图 5-23　工程文档创建步骤 1

如果没有特别的工程模板需要套用，可以选择缺省 <Default>，然后在 Name 中填写工程名称，创建同时单击"Creat Project Folder"能同时创建工程文件夹，便于归类保存相关的工程文件，如图 5-24 所示。此时在左边导航栏中可以看到已经生成了工程项目文件夹。

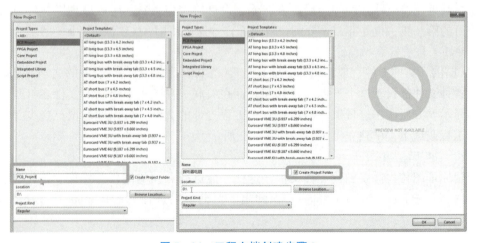

图 5-24　工程文档创建步骤 2

3. 新建原理图文件

工程建好后,就可以在工程中添加原理图文件了,具体操作为在工程名称上单击右键,打开菜单按照图 5 – 25 所示操作,单击 Schematic 文件,即建好了原理图文件。

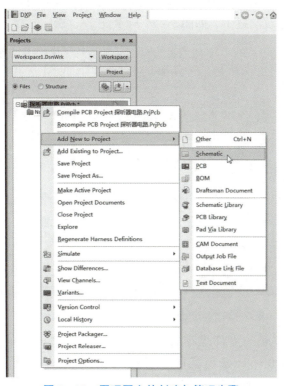

图 5 – 25　原理图文件创建与管理步骤

打开建好后的原理图文件,可以看到原理图编辑界面,如图 5 – 26 所示。

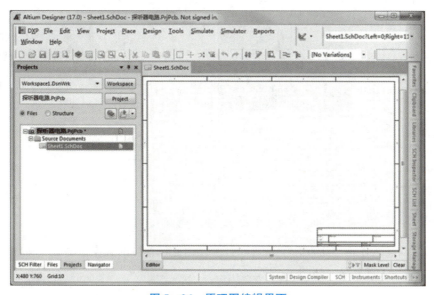

图 5 – 26　原理图编辑界面

新建的原理图文件需要重新命名，在保存的时候可以以新工程名称进行命名保存。AD 软件为了方便进行文件的保存、打开与移动，提供了存储管理器面板，通过界面的右下角 System 菜单进入存储管理器界面，在管理器中，左边为工程列表，右边为工程下的文件列表，下方为操作记录，便于进行相关的工程文件管理，值得注意的是，如果文件显示为红色，表示这个文件已经改动过了，如图 5 – 27 所示。

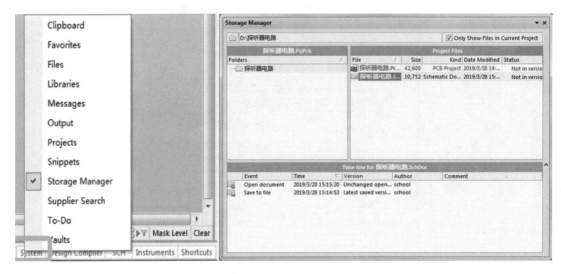

图 5 – 27　Storage Manager 调用路径与面板实例

创建、修改后的工程与文件保存时，只需要在工程文档上单击右键，在弹出的菜单中选择相应的 Save Project 选项就可以保存工程，在工程目录下的文件名上单击右键，弹出的菜单中选择 Save 就可以保存文件，如图 5 – 28 所示。保存工程与保存文件是相互独立的，在保存工程时，存储的是工程的结构，而保存文件是存储文件内容，所以要分别保存。

图 5 – 28　保存工程与保存文件操作步骤

在 File 菜单下，单击"Open…"就可以打开任何已保存好的文件，单击"Open Project…"就可以打开已保存的工程，如图 5 – 29 所示。

项目五 Altium Designer 电路原理图设计

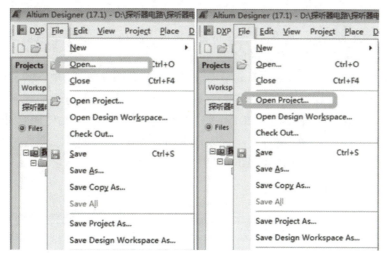

图 5-29 打开文件与打开工程的操作

5.3.3 原理图绘制环境设置

1. 主要工具栏简介

原理图打开后可以看到界面上方出现了非常多的工具栏与图标，这里简单介绍一下相应的功能，如图 5-30 所示。

连线绘图编译

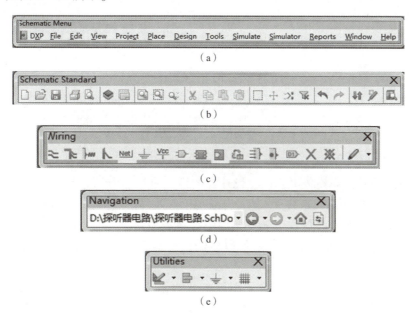

图 5-30 主要工具栏简介

（a）菜单工具栏，主要用来调用绘制原理图的相关工具与命令；（b）标准工具栏，菜单都是快捷操作功能；（c）布线工具栏，用来调用绘制原理图的各种布线工具；（d）导航工具栏，用来操作各个文件之间的导航；（e）实用工具栏，包含绘图、排列、电源、栅格等工具。

183

2. 原理图环境参数设置

AD 软件为设计者提供了多种原理图环境参数选项，适当的环境参数设置可以提高设计效率，还可以避免出现一些不必要的问题。

设置原理图环境参数首先要调用环境参数对话框，通过 Tools 菜单下的 Schematic Preferences… 选项打开，可以看到原理图环境参数对话框和系统参数对话框其实是同一个，在 Schematic 菜单中包含了常规设置、图形编辑、编译、自动聚焦、元件库自动缩放、栅格、切割线、默认单位、原始默认值等选项，大部分可以采取默认设置，需要一些特殊的设置时，可以进入相应选项卡选择，如图 5-31 所示。

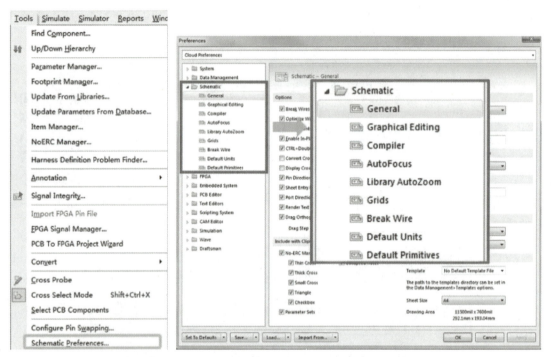

图 5-31　原理图环境参数菜单操作步骤

3. 原理图图纸参数设置

由于原理图的结构规模各不相同，设计者的绘图习惯也有所差异，合适的图纸参数设置可以使绘制的原理图清晰美观，又能提升绘图工作效率。

设置原理图图纸各个参数，首先要调用图纸参数对话框，有两种方式调用：在 Design 菜单栏下，选择 Document Options；还可以单击鼠标右键，在 Options 菜单中打开对话框，如图 5-32 所示。

打开图纸参数对话框，其中包含了图纸参数的相关信息设置、颜色设置、栅格设置、系统字体设置，如图 5-33 所示。

1）图纸方向、标题栏、颜色设置

Landscape 为图纸横向、Portrait 为图纸纵向，Title Block 为标题栏设置，standard 为标准，ANSI 为美标标题栏，如果需要自己绘制标题栏，需要取消 Title Block 勾选，如图 5-34 所示。

项目五　Altium Designer 电路原理图设计

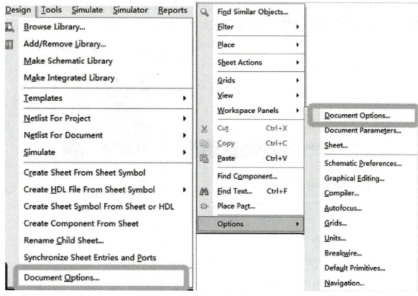

图 5－32　原理图图纸参数设置对话框调用操作步骤

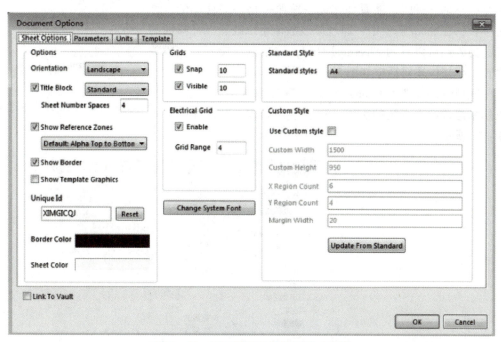

图 5－33　原理图图纸参数设置对话框

图 5－34　图纸方向与标题栏设置

185

图纸颜色设置包含图纸边框颜色设置（Border Color）和图纸底色设置（Sheet Color），双击对应颜色，可以弹出颜色对话框进行设置，如图 5 – 35 所示。

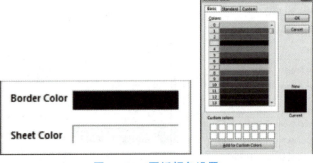

图 5 – 35　图纸颜色设置

2）栅格、系统字体设置

原理图图纸参数设置对话框中间位置是栅格和系统字体设置，打开原理图后，会看到图纸背景是网格状，这些格子在 AD 软件中称为可视栅格（Visible），通过修改数值可以调整栅格大小，移动光标时，能看到光标是按照一格一格移动的，称之为步长，在 Snap 选项中，通过修改数值可以改变光标移动的步长，另外还可以看到 Electrical Grid，这是电气栅格，一般默认设置。栅格设置对话框如图 5 – 36 所示。

中间位置还有一个 Change System Font 系统字体设置选项，可以用来修改图纸系统的字体，一般不用修改，默认即可，如图 5 – 37 所示。

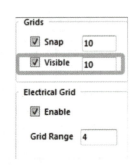

图 5 – 36　栅格设置对话框

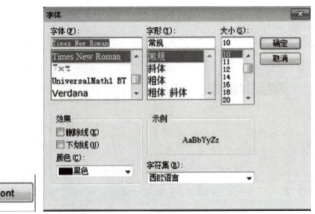

图 5 – 37　字体设置

3）图纸尺寸设置

设置对话框中还提供了图纸尺寸设置，勾选 Use Custom style 后，可以根据需求自定义设置图纸的尺寸、画幅；也可以在取消勾选 Use Custom style 后，选择不同的标准图纸尺寸，如图 5 – 38 所示。

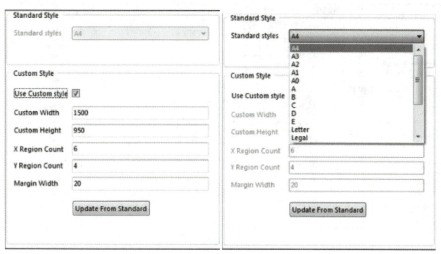

图 5-38　图纸尺寸自定义设置选项与标准图纸尺寸选项对话框

4）图纸信息设置

图纸信息一般包括图纸信息、项目信息、制图人等，一般通过文本字符串标准，在 Place 菜单下的 Text String 选项进行字符串文本设置，可以设置字体颜色、位置、水平或垂直布局与位置、镜像翻转和字符串内容等，如图 5-39 所示。

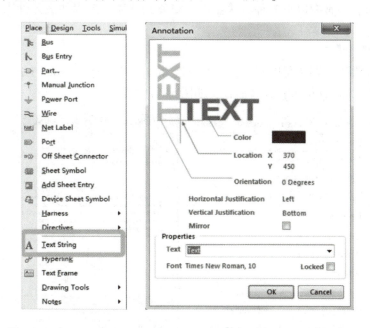

图 5-39　字符串属性对话框

对于一些常用信息填写，还可以采用特殊字符串的方式放置，放置方式与文本字符串放置类似，在 Text 文本框中选择对应特殊字符串信息，这些信息需要在对话框中的 Parameters 选项卡中进行对应设置，单击相应栏目，按照需要单击 Value 下的对应栏目，手动输入即可，如图 5-40 所示。

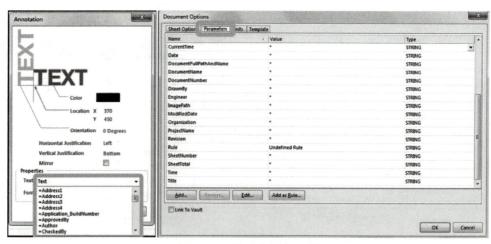

图 5－40　特殊字符串设置

5.3.4　加载元件库

原理图中的电气关系都是由各个元件符号和导线所组成，而元件符号在原理图上的放置就需要通过元件库去搜索和调用，所以在绘图时就需要添加对应的元件库。加载元件库根据设计者需求，通常有以下三种方法：直接安装元件库、工程加载元件库、通过搜索添加元件库。

1. 直接安装元件库

直接安装元件库需要调用库面板，可以通过 Design 菜单打开 Browe Library…进行调用，或者在右侧单击 Libruay 标签打开库面板，如图 5－41 所示。

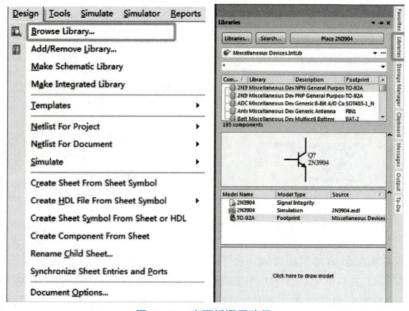

图 5－41　库面板调用路径

项目五　Altium Designer 电路原理图设计

单击库面板中的 Library 按钮，在弹出的 Available Libraries 可用库对话框中选择 Installed 标签，然后在右下角下拉菜单中选择 Install from file，根据需要选择相应元件库，这就能在标签栏中看到新添加的元件库了，如图 5-42 所示。这里特别要注意标签中的库路径不要随意更改，这会导致原有路径加载的元件库无法调用。

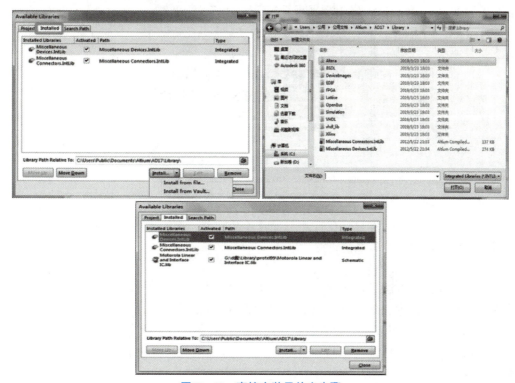

图 5-42　直接安装元件库步骤

2. 工程加载元件库

除了直接安装元件库，还可以通过在工程中添加元件库的方法进行添加。通过工程中添加元件库，同样需要打开 Available Libraries 可用库对话框，标签选择为 Project，在标签中选择 Add Library，然后在元件库路径中找到对应的路径添加相应的元件库，如图 5-43 所示。

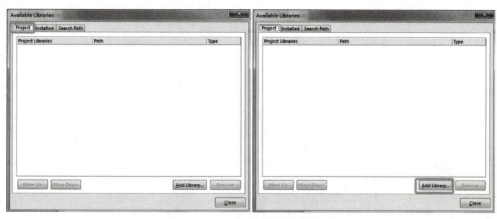

图 5-43　工程加载元件库步骤

添加后，工程列表中会多出一个 libraries 文件夹，文件夹中就包含刚刚添加的库文件，如图 5-44 所示。

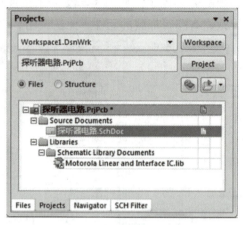

图 5-44　工程加载元件库成功

这种方法添加的库文件只有在打开工程时才会加载，而不像前一种方式只要软件打开就已经加载，因此可以节省系统资源。

3. 通过搜索添加元件库

通过搜索元件的方法进行元件库添加，需要用到库面板中的 Search 按钮。在弹出的库搜索对话框里可以根据关键字进行搜索，通常选择 Name（元件名称）为关键字搜索，在 Operator 下拉列表中，可以选择搜索匹配方式，从上至下分别为：等于、包含、开始为、结束为等。选好使用的符号，在 Value 中填入所需要查找的元件，Scope 范围栏中选择搜索路径就可以开始搜索了，如图 5-45 所示。

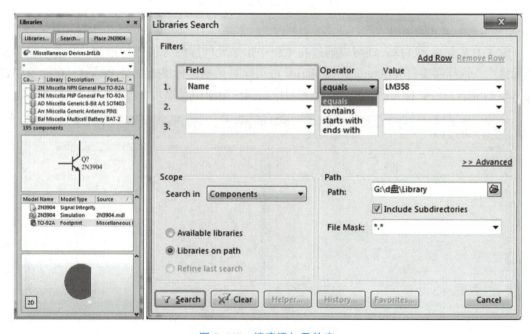

图 5-45　搜索添加元件库

搜索到对应的元件后，如果引擎还在继续搜索符合关键字的元件，可以单击"Stop"按钮停止搜索，然后在搜索到的元件中选择所需要的元件单击，这时会弹出"Confirm"确认对话框，询问是否添加该元件到软件中。添加后回到可用库对话框，可用库界面中就能看到刚刚添加的元件了，如图 5-46 所示。

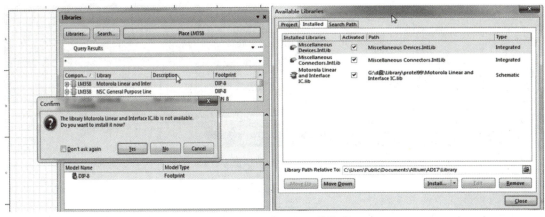

图 5-46　搜索添加元件成功

5.3.5　放置元件

1. 通过库面板放置元件

加载好元件库之后就可以开始放置元件了，绘制时可以通过库面板来寻找元件进行放置，如图 5-47 所示，绘制时，在库面板第一栏库选择列表中，下拉列表选择所需元件库，找到元件所属的库就可以看到下方列出库中所有元件的名称与信息，第二栏可以快速查找元件，通过库面板中的搜索栏，在搜索栏中输入元件名称或元件名称中的前几个关键字符可以快速搜索。

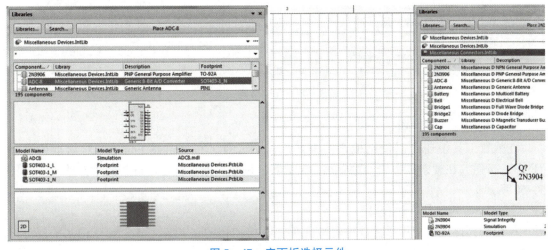

图 5-47　库面板选择元件

找到元件后可以在库面板的预览窗口看到该元件相应的原理图符号和封装模型，如图 5-48 所示，单击"Place"或在元件上双击鼠标就可以在原理图上放置元件了。

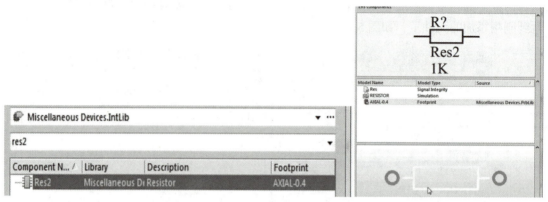

图 5-48　搜索元件

2. 通过放置工具放置元件

AD 软件还提供了放置元器件的专用工具，选择 Place 菜单中的 Part 选项，调用放置器件工具，然后单击"Choose"按钮，可以在弹出的对话框中选择相关的元件，如图 5-49 所示。这种方式的优点是：前面使用过的元件在这个窗口中都会得到保留和显示，这样就不需要反复搜索该元件。

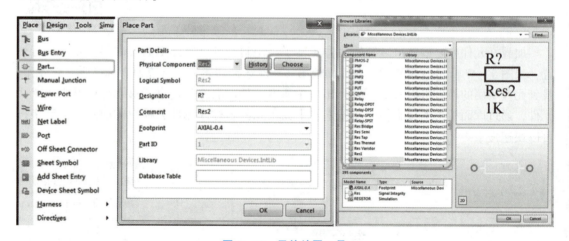

图 5-49　元件放置工具

3. 通过搜索放置元件

在放置工具中还可以使用搜索的方式来调用元件，在 Browse Libraries 对话框中选择"Find"按钮，在搜索框中填入对应元件关键字，确定好路径就可以进行搜索并放置，如图 5-50 所示。

4. 元件的复制、剪切和粘贴

单个的元件可以使用鼠标选中对应元件，直接使用 Ctrl + C、Ctrl + X、Ctrl + V 就可以完成元件的复制、剪切和粘贴。

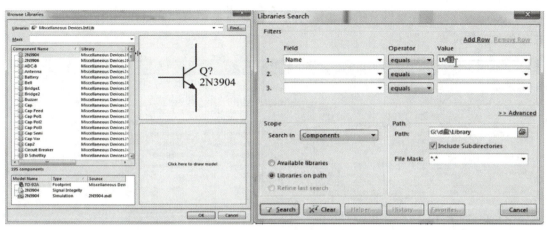

图 5-50　搜索元件放置

还可以采用递增复制，选中一个元件后，按住 Shift 在图纸上拖动，每拖动一次，图纸上就放置一次该元件，且编号自动增加。

"灵巧粘贴"可以打开 Edit 菜单中的 Smart Paste 命令，左边一般选择 Parts，中间栏一般选择 Themselves，然后右边可以根据需要选择行、列上的数量、间隔等，行列编号增加优先要求，一次完成元件的阵列粘贴，如图 5-51 所示。

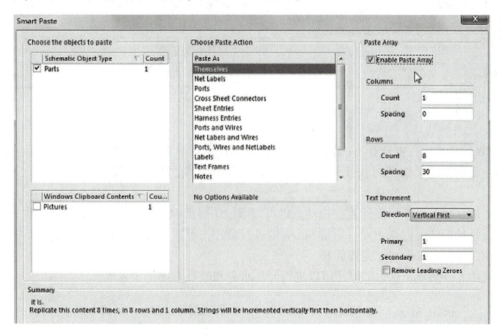

图 5-51　"灵巧粘贴"

5. 元件的属性、位置、方向调整

调整元件属性，双击元件就可以调用元件属性对话框，如图 5-52 所示，元件属性对话框的左上区域为属性区域，主要设置元件的编号、型号、元件值、元件描述等。右上区域参数区主要调整元件自定义参数，右下部分模型区域主要用于添加元件的封装模型，主要包括 Footprint（PCB 封装模型）、Simulation（仿真模型）、PCB3D（封装的 3D 模型）、

Signal Integrity（信号完整性分析模型）。在属性对话框中填写和修改相应内容就可以修改元件的各种参数设置。

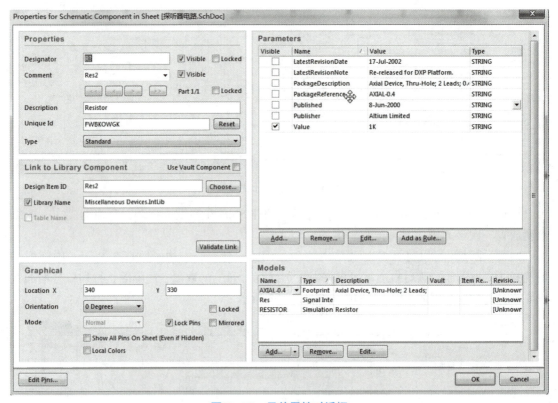

图 5-52 元件属性对话框

6. 元件的选择、移动、旋转和镜像

AD 软件中元件的选择方法较多，鼠标单击可以选择单个元件，按住 Shift + 鼠标可以选择多个元件，还可以使用快捷键 S 调用套索、框内元件、框外元件、触线选择、全选等方式。

元件移动可以使用鼠标直接拖动，也可以通过快捷键 M 调用 Move Selection 移动。

元件的旋转可以选中元件后按 Space 键进行旋转，每按一次旋转 90°；还可以利用 M 快捷键调用 Rotate Selection 完成旋转。

选中元件后单击 X、Y 键还可以进行元件水平和竖直方向的镜像放置。

5.3.6 元件连线

1. 放置导线

原理图中元件的连接指的是元件之间端口连接，这种连接具备电气连接特性，所以需要使用专用工具进行导线连接，形成正确的电气连接网络。具有电气特性的连接工具称为导线，导线工具有三种方式调用，分别是通过 Place 菜单的 Wire 选项、布线工具栏调用以及快捷键 P – W 进行调用，如图 5 – 53 所示。

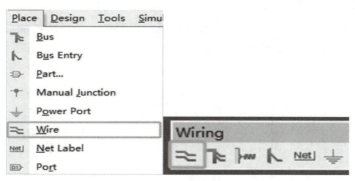

图 5-53 放置导线

2. 导线连接及走线模式

导线的连接需要符合一定的规则，连接元件端口时，鼠标靠近端口会出现一个红色小叉，此时说明已连接上，移动到另一端口时如出现红色小叉则说明完成电气连接。

另外在 AD 软件中给出了 4 种走线模式：分别是直角模式、45°角模式、任意角模式和路径模式，如图 5-54 所示。四种模式可以通过 Shift + 空格键进行切换。

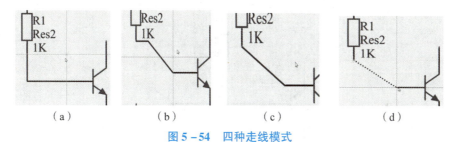

图 5-54 四种走线模式
(a) 直角模式；(b) 45°角模式；(c) 任意角模式；(d) 路径模式

3. 导线属性设置

需要设置导线粗细和颜色时，可以在放置导线过程中按下 Tab 键，或者双击已经放置的导线，在弹出的对话框中设置颜色和线径，如图 5-55 所示。

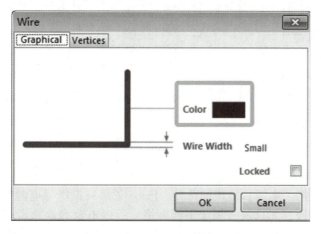

图 5-55 导线设置

4. 网络和节点

当两个元件端口连接后，AD 软件会自动为其设置网络，其网络名是唯一的，在绘图的时候还会遇到两条导线相交的情况，如图 5-56 所示。

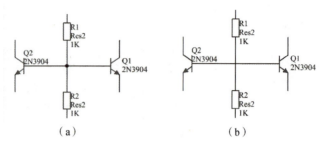

图 5-56 导线交叉情形
(a) 相交；(b) 不相交

先连接两个端口间的一根导线，然后将另一根线连接到该导线上，可以看到已经自动形成了节点，随后再从该节点连接到其他端口上，就形成了相交的交叉导线，如图 5-57 所示。

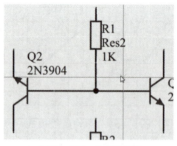

图 5-57 生成节点

已经画好的图要添加节点，可以通过 Place 菜单选择手动放置节点，然后找到图中交叉线的交点处即可，如图 5-58 所示。

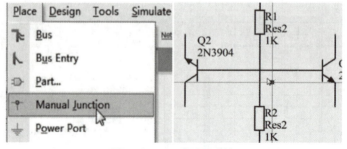

图 5-58 手动放置节点

5. 放置电源和地线符号

布线工具栏中提供了电源和地线的符号，Place 菜单只提供了电源符号，如图 5-59 所示，但是由于电源和地其实只是分属于不同网络，所以电源和地两者可以互相转换，打开电源或地的属性对话框，在 NET 一栏中可以填入网络名称，在 Style 中选择合理的电源类型，如图 5-60 所示。

项目五　Altium Designer 电路原理图设计

图 5-59　放置电源和地线符号

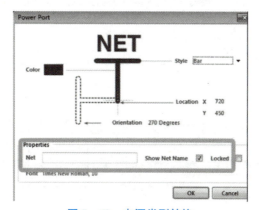

图 5-60　电源类型转换

5.4　图纸项目编译与检查

1. 编译参数设置

绘制完成原理图之后，AD 软件可以使用其编译和纠错功能完成对原理图的编译检查。编译一般需要先设置编译参数再进行编译，编译参数的设置在 Project 工程菜单下选择 Project Options 工程参数选项，弹出工程参数设置对话框，里面可以设置各种工程有关的参数。进行工程参数编译，主要就是根据这些参数进行检查，常要修改的主要有 Error Reporting（错误报告）选项卡、Connection Matrix（电路连接检测矩阵）选项卡、Comparator（比较器）选项卡、ECO Generation（ECO 生成）选项卡，如图 5-61 所示。

Error Reporting（错误报告）选项卡，主要用于设置原理图错误检查报告，包含致命错误、错误、警告错误、不报告几种；主要可以检查发现总线的相关错误，包括总线标号超出范围、总线排列的语法错误、不合法总线、总线宽度不匹配等；元件相关错误，包括元件、引脚的重复使用，引脚的顺序错误，元件编号重复等；文件相关错误，这个错误类型主要与层次原理图相关，包括了图纸编号错误、重复的图纸符号名称、无目标配置等；网络相关错误，包括图纸添加隐藏网络、无名网络参数、悬浮的网络等；其他错误包括原理图中对象超出图纸范围、对象偏离网络等，如图 5-62 所示。

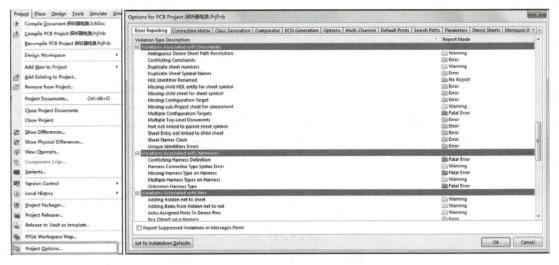

图 5-61 编译工程参数

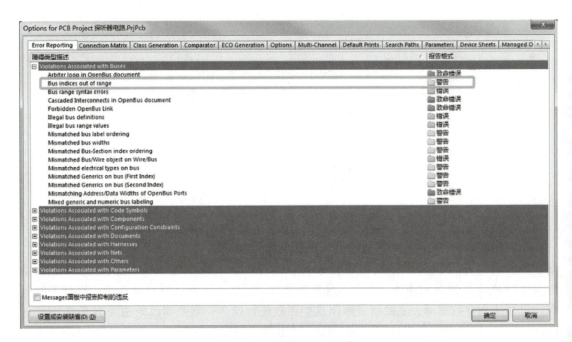

图 5-62 错误报告选项卡

Connection Matrix（电路连接检测矩阵）选项卡，可以设置各种引脚端口、图纸入口之间的连接规则状态，其中可以检测出来的类型有致命错误、错误、警告错误、不报告几种，其中横坐标和纵坐标相交的点都有一个小方格，这个方格代表横坐标的标签和纵坐标的标签相连时，是否会发生错误，红色代表这两个标签相连会产生致命错误，橘色代表两个标签相连会发生一般错误，黄色代表两个标签相连会发生警告错误，绿色代表两个标签可以相连，如图 5-63 所示。

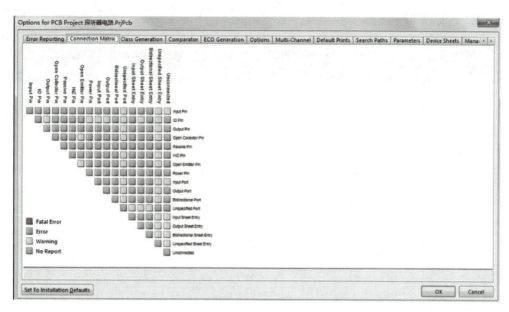

图 5 – 63　电路连接检测矩阵选项卡

Comparator（比较器）选项卡，用于设置当利用比较器，导入元件封装时原理图文件和 PCB 文件之间相关联的参数是否不匹配或忽略这种匹配，里面可以比较的类型主要有元件相关的差别、网络相关的差别、对象的相关差别，如图 5 – 64 所示。

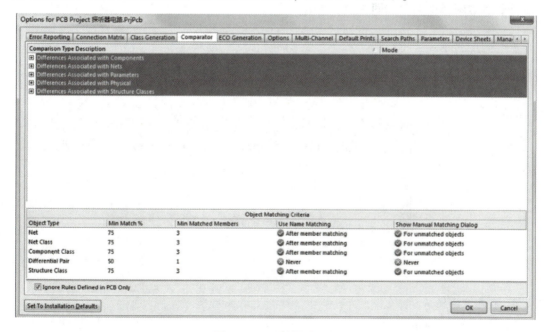

图 5 – 64　比较器选项卡

Eco Generation（ECO 生成）选项卡，主要功能是当比较器工作时，其自动更改电气内容进行记录说明，如图 5 – 65 所示。

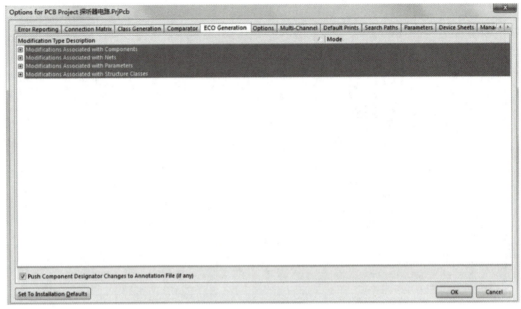

图 5-65　ECO 生成选项卡

2. 项目编译

设置好参数之后就可以进行编译了，调用 Project 工程菜单下的 Compile PCB Project 命令，编译成功后会在 Message 面板中显示编译结果，也可以通过右下角 System 中打开 Message 面板查看编译结果，如图 5-66 所示。

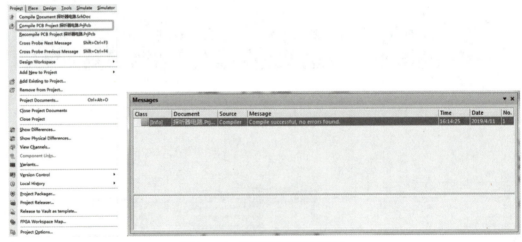

图 5-66　编译操作过程与结果

3. 常见编译错误

1) Duplicate Component Designators

如图 5-67 所示，弹出这种错误信息一般是指原理图中出现了两个相同的元件编号，回到原理图上可以看到出错元件上出现红色波浪线；还可以在错误项上双击提示内容，软件将自动跳转到出错位置，如图 5-68 所示。可以快速找到出错位置并在元件属性对话框中修改元件编号即可，修改完成后再次编译就可以看到编译通过。

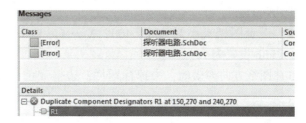

图 5-67 编译错误提示

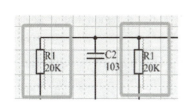

图 5-68 元件名重复错误定位

2) Floating Power Object...

这是一种警告错误,主要指的是电源符号没有和任何元件或端口相连,这种错误同样可以在 Detail 栏中双击直接跳转到出错位置并进行连接修改,如图 5-69 所示。

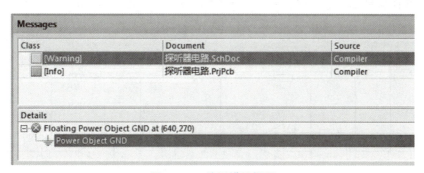

图 5-69 编译错误提示

3) UN - Designated Part...

其指的是原理图中的元件没有编号,可以通过 Detail 栏找到元件,重新编号就可以消除警告错误,如图 5-70 所示。

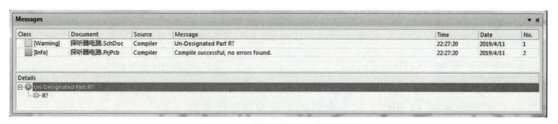

图 5-70 元件未编号错误提示

这里只列出常见的一些编译错误,编译错误种类繁多,有些不清楚的内容可以通过网络搜索和查找资料来明确错误类型。

5.5 绘制电路原理图技能训练

1. 探听器电路原理图设计

根据图 5-71 所示探听器电路原理图,完成新建、绘制和编译输出,具体要求如下:

(1) 新建一个新项目,命名为".PrjPcb",在此工程中新建原理图图纸命名为"探听器电路.SchDoc"。

(2) 设置图纸大小为 800×400,X region Count 设置为 6,Y region Count 设置为 4,Margin Width 设置为 10。

(3) 图纸方向为横向,去掉标题栏,边框颜色设置为 227 号色,图纸底色设置为 216 号色。

(4) 捕捉栅格设置为 5,可见栅格设置为 10,电气栅格设置为 5。

(5) 在原理图上方利用"特殊字符串"放上项目名称《探听器电路》。

(6) 可视栅格形式设置为 dot grid,颜色为 3 号色。

(7) 调用库中元件,并在合适位置布局。

(8) 进行原理图绘制并编译。

(9) 原理图文档输出。

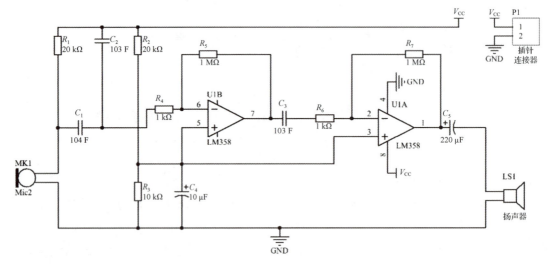

图 5-71 "探听器电路"原理图

2. 创建工程项目"AD1.PriPcb"

绘制图 5-72 所示的原理图,文件保存为"名称 5-5-1.SchDoc"。要求:

(1) 原理图采用 A4 图纸,根据自己的需要设置系统参数。

(2) 创建网络表文件和材料清单。

(3) 元件参数如表 5-1 所示。

项目五 Altium Designer 电路原理图设计

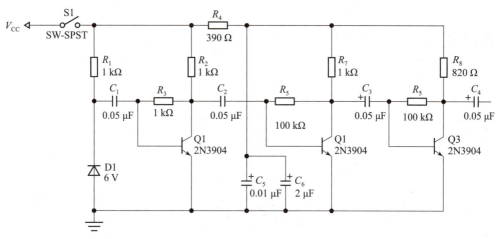

图 5-72 原理图

表 5-1 元件参数

元件名	元件编号	注解说明	参数值	引脚
Res2	R_1		1 kΩ	
Res2	R_2		1 kΩ	
Res2	R_3		1 kΩ	
Res2	R_4		390 Ω	
Res2	R_5		100 kΩ	
Res2	R_6		100 kΩ	
Res2	R_7		1 kΩ	
Res2	R_8		820 Ω	
Cap	C_1		0.05 μF	元件采用系统默认封装
Cap	C_2		0.05 μF	
Cap Pol1	C_3		0.05 μF	
Cap Pol1	C_4		0.05 μF	
Cap Pol1	C_5		0.01 μF	
Cap Pol1	C_6		2 μF	
NPN	Q1	2N3904		
NPN	Q2	2N3904		
SW-SPST	S1	SW-SPST		
Diode	D1	6 V		

203

3. 创建工程项目 "AD2. PrjPcb"

绘制图 5-73 所示的原理图,文件保存为 "5-5-2. SchDoc"。

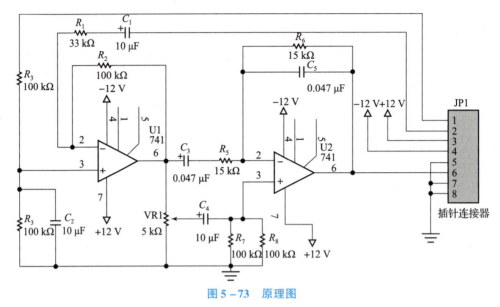

图 5-73 原理图

要求:

(1) 原理图采用 A4 图纸,根据自己的需要设置系统参数。
(2) 创建网络表文件和材料清单。
(3) 元件参数如表 5-2 所示。

表 5-2 元件参数

元件名	元件编号	注解说明	参数值
Cap Pol1	C_1、C_2、C_4		10 μF
Cap Pol1	C_3、C_5		0.047 μF
Res1	R_1		33 kΩ
Res1	R_2、R_3、R_4、R_7、R_8		100 kΩ
Res1	R_5、R_6		15 kΩ
Rpot1	VR1		5 kΩ
Header8	JP1	Header8	
741	U1、U2	741	

项目六

Altium Designer 印制电路板设计

项目目标

1. 掌握 PCB 板的基本知识与参数设置技能。
2. 掌握修改元件封装技能。
3. 掌握 PCB 板布局布线知识技能。

项目任务

1. 能使用 AD 软件创建 PCB 文件,设置相关参数。
2. 能合理布局布线生成规范的 PCB 文件。

职业能力

根据任务要求,查找相关资料,培养自主学习意识。

职业素养

1. 天下难事,必作于易;天下大事,必作于细。
2. PCB 设计时应当将细节考虑周到。

PCB 板设置

PCB 板电气边界绘制

修改元件封装

布局对齐使用

6.1 项目设计内容描述

PCB 是 Printed Circuit Board 的简写,就是印制电路板,它是电子产品中不可或缺的重要组成部分,小到手机、电子手表,大到通信设备、军用武器系统,只要是与电气相关的,基本上都要用到 PCB,本项目通过"探听器电路"为例学习 Altium Designer 软件的参数设置、布局布线及 PCB 设计的基本方法。

6.2 项目相关理论知识

6.2.1 印制电路板设计基础

PCB 以绝缘敷铜板为基材，经过印刷、蚀刻、钻孔以及后处理等工序，将电路中元件连接关系利用铜膜导线和焊盘制作在敷铜板上，最后裁剪而成具有一定外形尺寸的板子。

印制电路板的种类很多，分类方法也很多，最常见的是根据它的敷铜层数进行分类，一般可以分为单面板、双面板和多层板，单面板就是指单面敷铜的电路板。单面板所有元件都集中放置在电路板没有敷铜的一面，叫作元器件面，敷铜导线和焊盘集中于另一面，叫作焊接面，单面板结构比较简单、制作成本低，常用于制作一些电路较为简单的电路板，如图 6-1 所示。

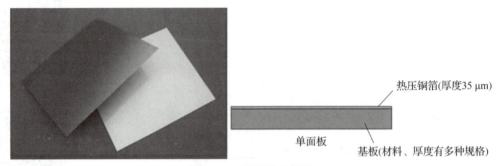

图 6-1 单面板示意图

由于单面板只能单面布线，且布线不允许交叉，因此面对较为复杂的电路时，就会出现无法布通的情况，这里就要用到双面板。双面板，就是指两面都敷铜的电路板，因此这种电路板可以两面布线，不同的布线之间还能通过过孔连接，极大提高了电路布通率，可以用于复杂电路设计。为了区分两个敷铜层，一般将两个层分别叫作顶层和底层，如图 6-2 所示。

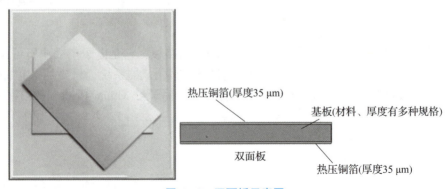

图 6-2 双面板示意图

对于几百个引脚的大规模集成电路来说,采用双面板就会显得捉襟见肘了,因此就产生了多层板。多层板除了顶层、底层之外还可以有多个内部信号层、内部电源层和接地层,层与层之间绝缘,但彼此之间会通过过孔建立连接,可以用于非常复杂的电路设计。最常见的多层板就是电脑主板,一般采用4~8层板。多层板具有布线层数多、走线方便、布通率高、面积小等优点,如图6-3所示。

图6-3 多层板

在印制电路板中最常见的就是器件在PCB上以焊盘+丝印的方式呈现,其中丝印也可以叫作丝印层,用于对器件进行各种信息标注;焊盘的作用是通过电气的方式将元件的管脚连接在板上,它与器件的管脚相对应;另一个重要的组成部分是走线,走线是连接器件管脚之间的信号线,取决于信号的性质,比如电流大小、速度等,走线的长度、宽度也有所不同;过孔是用于将信号线进行跨层连接的打孔,过孔的形式以及孔径取决于信号的特性和加工工厂的工艺要求;阻焊层,是为了防止没有电气连接的邻近管脚被误焊的保护层,有的板上还有定位孔,这是为了安装或调试方便放置的孔,如图6-4所示。

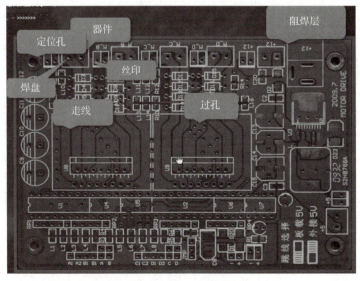

图6-4 PCB组成

由于 PCB 的设计是在原理图的基础上进行设计的，因此这里将延续项目一的原理图任务开展 PCB 设计，设计好的探听器电路 PCB 如图 6-5 所示，探听器电路 PCB 的边框绘制了机械外形层和电气边界层两层，图中采用了双层板布线，并且进行了双面敷铜。

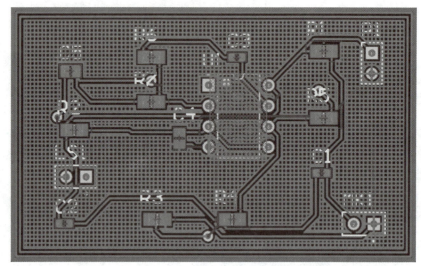

图 6-5　设计好的探听器电路 PCB

设计 PCB 的一般步骤如下：首先需要建立 PCB 设计的环境，因此需要创建 PCB 文件并对文件中的图纸参数进行设置；在进行 PCB 具体设计之前还需要对软件的环境参数进行设置；进行设计时，一般先规划电路板，对电路板的具体参数进行设置；然后导入对应的元件，这里就是指封装，封装是元件的丝印和焊盘的组合；元件封装首先需要在原理图中进行设置，然后再从原理图中导入元件封装；之后，就是将这些元件封装合理放置，也就是 PCB 布局；然后将这些焊盘进行连线，也就是 PCB 布线；最后在板子空白处敷铜，就可以完成一个简单的 PCB 设计了。图 6-6 所示为 PCB 设计流程。

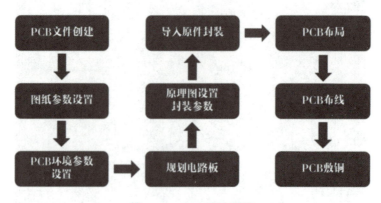

图 6-6　PCB 设计流程

6.2.2 创建 PCB 文件及图纸参数设置

在之前建立的工程中新建"班级+姓名+放大电路" PCB 文件并保存在项目一的工程文件夹里面；打开 PCB 文件，切换到 PCB 面板，如图 6-7 所示。

新建原理图图纸与设置　　新建 PCB 文件

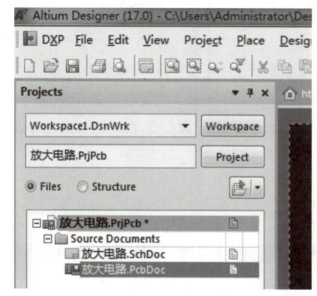
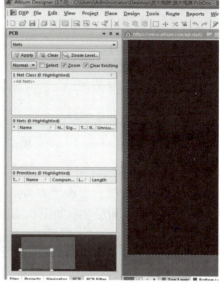

图 6-7　创建 PCB 文件

1. PCB 文件创建

设计 PCB 首先需要创建一个 PCB 文件，并且设置图纸参数。在之前建立的工程文档上单击鼠标右键，弹出菜单上选择 Add New to Project，选择 PCB 选项，就在该工程项目内建好了一个 PCB 文件，右边为 PCB 图纸，如图 6-8 所示。

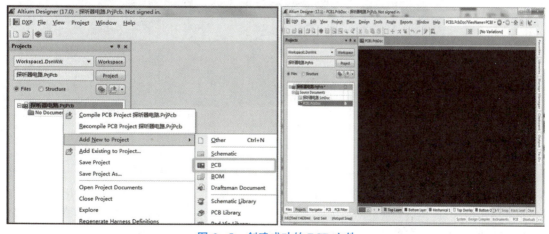

图 6-8　创建成功的 PCB 文件

和原理图一样，保存该文件时可以通过填入名称来修改 PCB 文件名，如图 6-9 所示。

图 6-9　PCB 文件保存命名

2. PCB 编辑环境简介

打开 PCB 文件后，界面上方为菜单栏和工具栏，左边为工作面板区，右边为绘制工作区，下方为状态栏和层显示如图 6-10 所示。

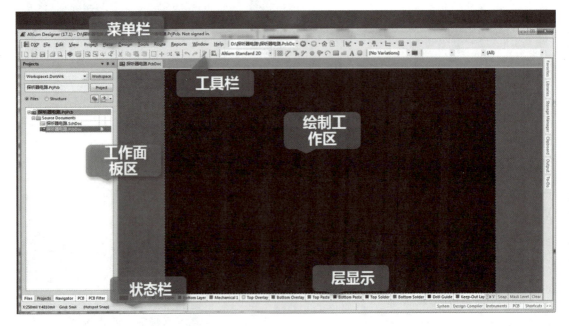

图 6-10　PCB 文件界面

PCB 设计常用工具主要有三种，分别是：布线工具栏、实用工具栏和搜索过滤器工作栏。布线工具栏主要用于放置走线、敷铜、填充等，实现元件的电气连接；实用工具栏集合了多种实用工具，有绘图工具、排列工具、跳转工具、标注工具、布局工具和栅格工具；搜索过滤器工具栏可以快速定位各种对象。三种工具栏如图 6-11 所示。

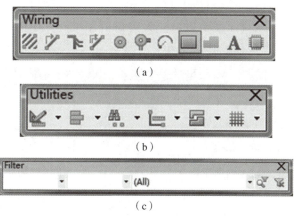

(a)

(b)

(c)

图 6 – 11　PCB 工具栏

(a) 布线工具栏；(b) 实用工具栏；(c) 搜索过滤器工具栏

3. PCB 编辑参数设置

PCB 文件建好后，需要对绘制区的编辑参数进行设置。

1) 图纸参数的设置

可以在菜单栏 Design 菜单下选择 Board Options 参数选项命令。这时候会弹出"Board Options"参数选项对话框，里面的 Unit 度量单位栏用于设置图纸的单位，由于现在很多元件封装都是以英制为单位，因此建议选择 Imperial，如果设计需要也可以选择 Metric，如图 6 – 12 所示。

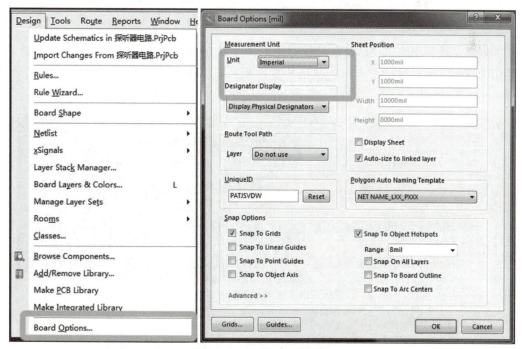

图 6 – 12　调用板参数面板

Sheet Position 图纸位置能用于设置图纸的大小，去掉 Auto – size to linked layer 自动尺寸

连接层复选框，里面还可以具体设计图纸的 X 轴位置、Y 轴位置、宽度和长度。设置好图纸后勾选 Display Sheet 显示页面就可以看到设计好的图纸。一般图纸参数，只需要设置这两个参数，单击"OK"完成设置，如图 6-13 所示。

图 6-13　PCB 图纸参数设置

如果只是设置图纸单位，绘制过程中使用快捷键 Q 可以快速切换显示单位，公制－英制单位的变化，可以通过左下角的状态栏和绘图区左上角抬头显示来观察图纸单位变化，如图 6-14 所示。

图 6-14　PCB 绘图区抬头显示

2）图纸栅格设置

PCB 设置中的栅格设置比原理图的栅格设置频繁得多，因此其设置项比较多，也更精确。AD 方便使用，单独为其在实用工具栏中增加了栅格工具，如图 6-15 所示。在实际操作中，还可以使用快捷键 G 直接调用栅格工具。

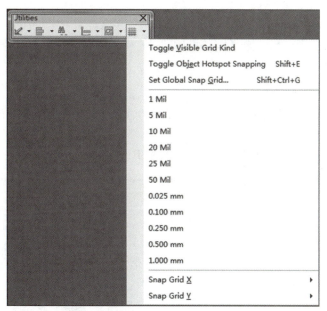

图 6-15 PCB 图纸栅格设置调用

栅格的大小设置也是需要考虑的，在 PCB 绘制区域中，栅格的大小一般根据所需放置的元件焊盘间距大小来确定，最好设置为焊盘间距的二分之一或者整数倍，如图 6-16 所示，该焊盘纵向间距为 50 mil[①]，我们将栅格大小设置为 50 mil，这样移动元件时元件的每个焊盘都放置在栅格焦点上。合理的设置栅格，不仅可以精确地放置元件，还可以提高最后的导线布通率。

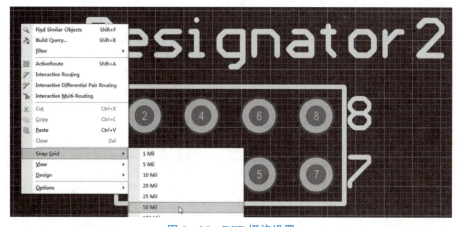

图 6-16 PCB 栅格设置

---

① 密尔，1 mil = 0.025 4 mm。

6.3 规划电路板及导入元件封装

导入元件封装

完成如图 6-17 所示任务：

（1）在 PCB 文件中的机械层 1 绘制电路板外形轮廓并裁剪，电路板为矩形，大小为 55 mm×44 mm。

（2）将项目一完成的原理图中的封装导入 PCB 中。

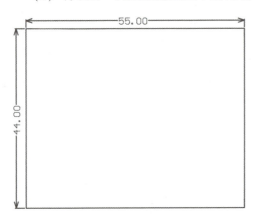
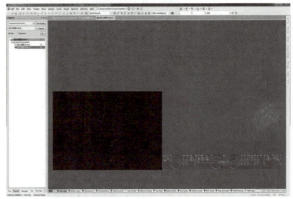

图 6-17　规划电路板并导入元件封装

6.3.1　板层结构与板层颜色设置

PCB 由于制作工艺复杂，因此一般都会将 PCB 分为很多层进行设计，制板商会将不同的层分开制作，然后经过压制处理最终生成各种功能的电路板。

1. 板层结构

AD 软件为设计者提供了六种不同的工作层，分别是：

（1）Signal Layers（Top Layer、Mid Layer1……Mid Layer30、Bottom Layer），信号层：这层主要的功能是利用铜箔走线，完成电气连接。软件中提供了 32 个信号层，分别是顶层、底层以及 30 个中间层，每个信号层都可以用一种颜色表示。

（2）Internal Planes（Internal Layer1……Internal Layer16）也称为中间层或者叫内部电源和接地层，这种层也使用铜箔，但是只是连接电源和地线网络，通常都是整个层上敷设电源网络或者地线网络，和别的层通过过孔连接，系统中，允许电路板设计 16 个中间层。

（3）Mechanical Layers（Mechanical Layer……Mechanical Layer32）称为机械层，一般用于描述电路板机械结构标注及加工生产信息，但不能完成电气连接特性，软件中提供了 32 个机械层。

（4）Mask Layers（Top Paste、Bottom Paste、Top Solder、Bottom Solder）也称为遮盖层或者叫阻焊层，用于保护铜线，也可以防止焊接错误，系统中有 4 个阻焊层。其中，Top Paste、Bottom Paste 称为锡膏防护层（也称助焊层），起焊盘上锡助焊和防止短路的作用。

Top Solder、Bottom Solder 称为阻焊层，一般用于阻焊油剂的涂刷设计。

（5）Silkscreen Layers（Top Overlay、Bottom Overlay）丝印层，一般用于电路板上印刷元件符号、文字等内容，使电路板在装配时可以迅速找到元件的对应位置，系统提供了正反面两个丝印层。

（6）Other Layers（Drill Guides、Keep – Out Layer、Multi – Layer）其他层，包括一些其他功能的层面，中间有 Drill Guides 钻孔层用于描钻孔信息；Keep – Out Layer 禁止布线层，用于定义布线区域，元件不能在禁止布线区域外布线；Multi – Layer 用于放置穿过多层的 PCB 元件，也用于显示穿越多层的加工信息。

2. 板层颜色

板层颜色设置可以区分不同的层，板层颜色可以根据个人使用习惯进行设置。

1）板层颜色调用

板层颜色调用可以在 Design 菜单中选择 Board Layers & Colors... 选项；或者单击鼠标右键，在快捷菜单中选择 Board Layers & Colors... 选项，如图 6 – 18 所示，还可以利用快捷键 L 迅速调用。

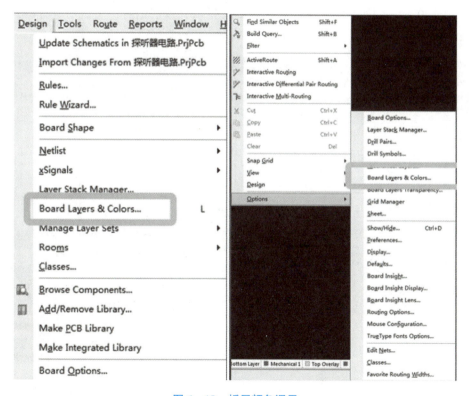

图 6 – 18　板层颜色调用

2）颜色设置

在打开的视图配置对话框左侧选择 PCB 视图配置，这一栏中主要设置 PCB 视图中的文件是平面还是 3D 形式显示，如图 6 – 19 所示。

图 6-19　PCB 视图配置

右侧区域 Board Layers And Colors 板层和颜色选项卡，这里显示了所有的层信息和颜色，如图 6-20 所示，如果勾选中间三项，则只显示有效层信息，想显示所有层，则取消中间三个复选框即可，一般不需要显示所有层。

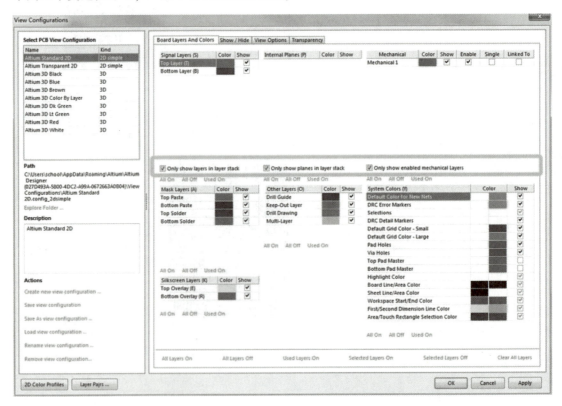

图 6-20　板层和颜色选项卡

显示的每个层右侧都有颜色设置，单击弹出"2D 系统颜色"对话框，可以做相应修改，如图 6-21 所示。

项目六 Altium Designer 印制电路板设计

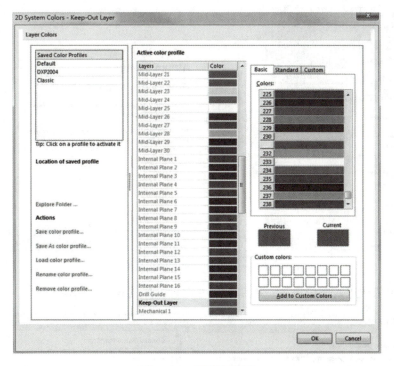

图 6 – 21　层颜色设置

勾选 Show 复选框，可以在绘图区域下方看到颜色显示，方便切换不同层，如图 6 – 22 所示。

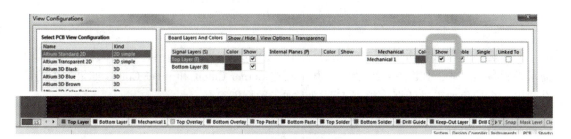

图 6 – 22　层颜色显示与切换

6.3.2　规划电路板

规划电路板实际上就是按照设计要求绘制电路板板框的大小和形状，通常有向导创建板框和自定义绘制板框两种方法。

1. 向导创建板框

在 File 菜单下，选择 PCB Board Wizard…选项，会弹出"Altium Designer New Board Wizard"对话框，如图 6 – 23 所示。

217

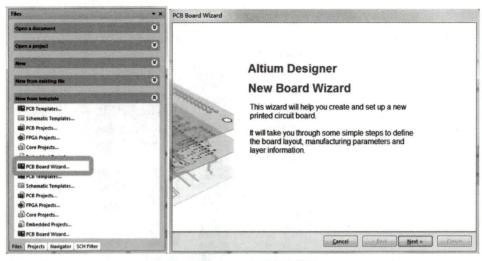

图 6-23　PCB 向导创建界面

按照提示依次进入单位设置、电路板尺寸设置，如图 6-24 所示。

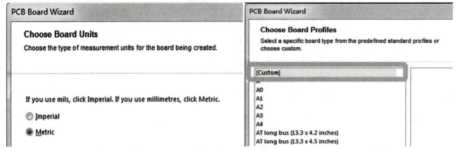

图 6-24　PCB 单位与尺寸设置

如果选择 Custom 自定义尺寸，则会进入电路板设置详情对话框，根据提示，按照设计需求设置各项尺寸，如图 6-25 所示。其中右边 Corner Cutoff 和 Inner CutOff 如果选中的话，会弹出一个切角加工对话框，根据需要填入加工数据即可。

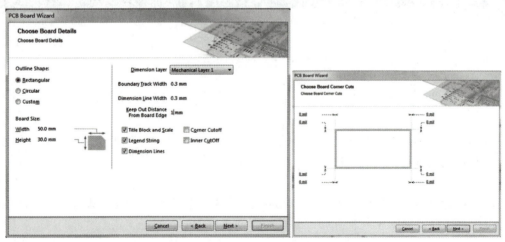

图 6-25　PCB 自定义尺寸与切角加工对话框

然后进入电路板层数设置对话框，可以分别设置信号层和内部电源层；随后进入过孔类型对话框，两选项为仅通孔过孔、仅盲孔和埋孔，如图6-26所示。

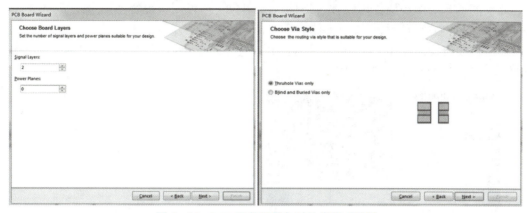

图6-26　PCB层数设置与过孔类型对话框

依次进入选择元件和布线方法对话框、默认导线与过孔尺寸对话框。根据电路板大部分元件封装特点选择，如图6-27所示。

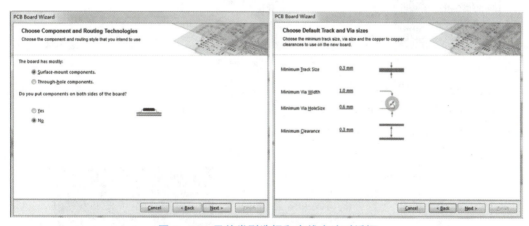

图6-27　元件类型选择和布线方法对话框

到这里已经完成电路板板框设置，根据提示选择Finish就会生成已绘制好板框的PCB文件，如图6-28所示。

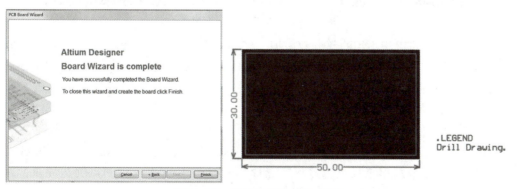

图6-28　设置完成的PCB板框

2. 自定义绘制板框

自定义板框主要是利用 AD 软件中的绘图工具在 PCB 文件中自己绘制板框，在绘图之前，先要准备好绘图环境，再设置合适的尺寸单位，可以用快捷键 Q 切换，例如要设置 50 mm×30 mm 电路板，就需要将单位切换成 mm。

然后将栅格设置为 10 mm，单击鼠标右键，选择 Snap Grid，选择填入 10 mm，如图 6-29 所示。之后需要将板层切换到机械层 1，这样绘图环境就准备好了。

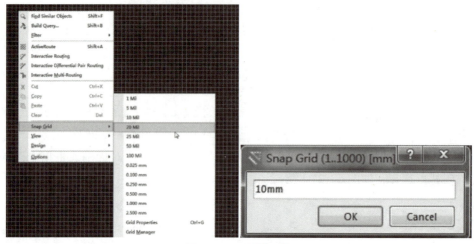

图 6-29 设置栅格

接下来在绘图工具栏中选择 Place Line，放置走线工具，或者单击 Place 菜单下 Line 走线工具。选择好以后，可以根据尺寸需要绘制板框了，下方状态栏的 track 也能观测长度，画线转弯时需要双击鼠标来重新计算长度，如图 6-30 所示。

图 6-30 用走线工具绘制板框

绘制完成后，可以将不用的部分裁剪掉，切割板框的操作步骤为：用鼠标选择画好的板框边界，在 Design 菜单选择 Board Shape 中的 Define from selected objects（按照选择对象定义），板子就切割完成，如图 6-31 所示。为了方便绘制观察，选择 View 菜单下的 fit Board 可以将切下的板框布满绘图区域。

3. 绘制电气边界

板框设置好之后有时需要绘制电气边界，AD 软件中的电气边界是在 Keepout layer 中设置的，所以先要通过菜单选择进入该层，选择 Track，这样就可以绘制电气边界了，如图 6-32 所示。

图 6-31 切割完成的 PCB 板框

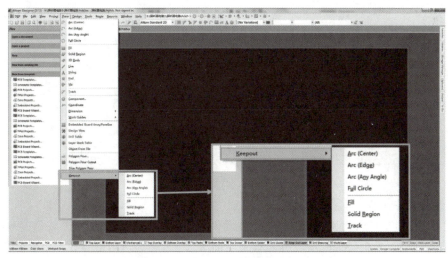

图 6-32 调用绘制电气边界工具

这里根据任务要求，在距离板框 0.5 mm 的位置绘制电气边界，参考板框的自定义绘制，可以将捕捉栅格设置为 0.5 mm，同样绘制即可，如图 6-33 所示。

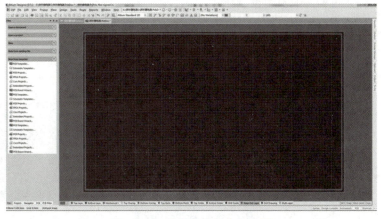

图 6-33 绘制完成的电气边界

6.3.3　导入元件封装

绘制好原理图之后,还需要将原理图中的元件导入新建的 PCB 文件才能进行后续的对应操作。导入元件封装有两个步骤,分别是填入元件封装和 PCB 导入。

1. 填入元件封装

1) 查看元件封装

在填入元件封装前,需要明确元件名称,如图 6-34 所示,电阻 R_1、R_2 的引脚封装为 6-0805_M。因此在电阻中,只要填入这个名称,就可以添加电阻的封装了,现在使用的元件大多都是集成元件,元件会自带封装,所以在添加封装前需要检查当前封装是不是所需封装,如果不一致则需要修改封装。

Designator	LibRef	Comment	Footprint	Library Name
C1	Cap	104	1608[0603]	Miscellaneous Devices.IntLib
C2, C3	Cap	103	1608[0603]	Miscellaneous Devices.IntLib
C4	Cap Pol3	10u	C0805	Miscellaneous Devices.IntLib
C5	Cap Pol3	220u	C0805	Miscellaneous Devices.IntLib
LS1	Speaker	Speaker	PIN2	Miscellaneous Devices.IntLib
MK1	Mic2	Mic2	PIN2	Miscellaneous Devices.IntLib
P1	Header 2	Header 2	HDR1X2	Miscellaneous Connectors.IntLib
R1, R2	Res2	20K	6-0805_M	Miscellaneous Devices.IntLib
R3	Res2	10K	6-0805_M	Miscellaneous Devices.IntLib
R4, R6	Res2	1K	6-0805_M	Miscellaneous Devices.IntLib
R5, R7	Res2	1M	6-0805_M	Miscellaneous Devices.IntLib
U1	LM358	LM358	DIP-8	Motorola Linear and Interface IC.lib

图 6-34　元件信息表

2) 查看元件封装

需要在原理图中双击对应元件,弹出元件属性对话框,元件的封装信息会显示在 Models 区域中,如图 6-35 所示。可以看到当前 R_1 的封装为 AXIAL-0.4,并非该 PCB 项目所需封装,故需要进行更换。

图 6-35　查看元件封装

3）添加或更改元件封装

直接添加就是更换之前的封装，具体操作为在右下角的 Add 下拉菜单中选择 Footprint 选项，如图 6-36 所示。

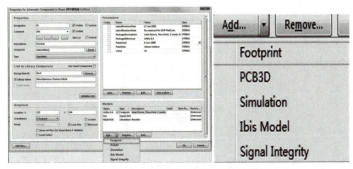

图 6-36　添加方式更改元件封装

在弹出的 PCB 对话框 Name 栏中直接填入正确的封装名称，填好后可以在模型预览窗口看到该元件的封装模型，说明封装正确安装了，如图 6-37 所示。

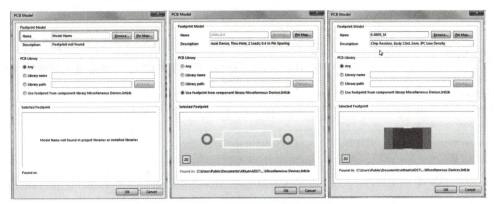

图 6-37　元件封装修改前后对比

另外还可以采用更改元件封装的方法来导入，这种方法是在原有的封装直接进行更改。具体操作为双击原有的元件封装，在弹出的原有元件封装"PCB Model"对话框中直接修改 Name 即可，如图 6-38 所示。如果 Name 名称为灰色无法修改，只要勾选下面的 Any 选项就可以修改了。

2. PCB 导入

所有的元件封装添加成功后，就可以进行 PCB 导入的操作了。在 AD 软件中，通常有两种导入方法，分别是直接导入法和网表对比导入法。

1）直接导入法

直接导入法需要在工程文档下才能进行，如果是自由文档则无法导入。在工程文档中打开原理图文件，然后在 Design 菜单下选择 Update PCB Document，这样就调用导入执行对话框，如图 6-39 所示。

这里可以检查导入过程中的一些封装错误、网络错误、元件类错误，以及是否添加 Room 区域等信息。单击左下角 Validate Changes 预览变更，查看变更是否有误，状态正确无误后就可以执行变更了，如图 6-40 所示。

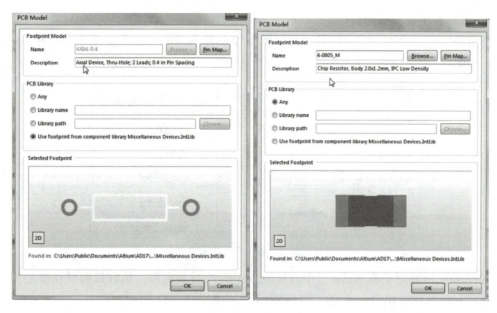

图 6-38　直接修改元件封装导入

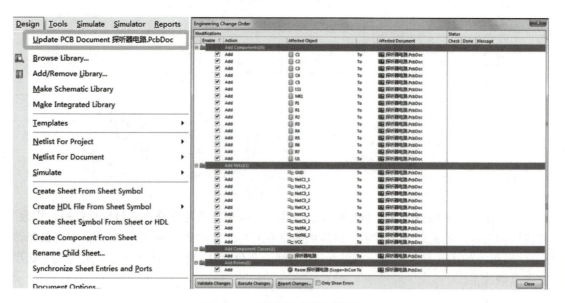

图 6-39　调用导入执行对话框

接下来单击"Execute Changes"执行变更按键，可以看到已经跳转到 PCB 文件中，在 View 菜单中选择将文档中的所有对象全部显示出来，这时已经看到所有元件已经成功导入了，如图 6-41 所示。

2）网表对比导入法

这种方法导入需要在导入前建立网表文件，AD 软件在原理图 Design 菜单的 Netlist For Project 菜单中选择 Protel 选项就可以建立网表了。网表文件会出现在工程菜单中的 Generated 栏之下，后缀为 .net，如图 6-42 所示。

项目六　Altium Designer 印制电路板设计

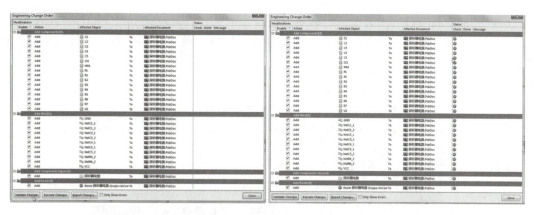

图 6-40　查看与执行变更

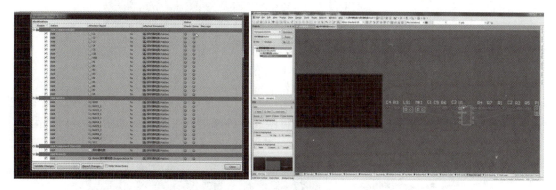

图 6-41　元件成功导入

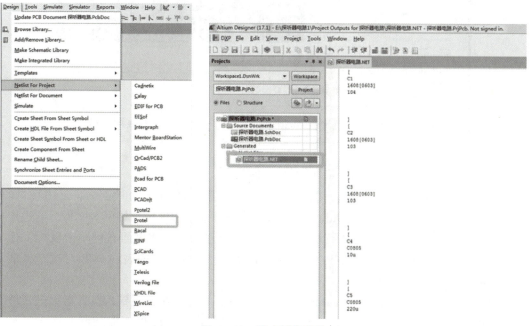

图 6-42　建立网表文件

网表文件中有两种表示方法，一种是中括号表示法，里面包含了元件标号、元件封装、元件内容等；另一种是圆括号表示法，里面包含了网络名称、与网络相连的管脚名称，如图 6-43 所示。

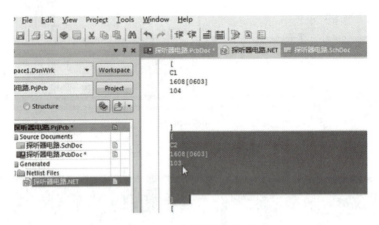

图 6-43 网表表示方法

有了网表文件，就可以进行网表对比导入了。如果网表文件不在工程中，可以在 Project 菜单中选择 Add Existing to Project…将网表文件添加到工程中，如图 6-44 所示。

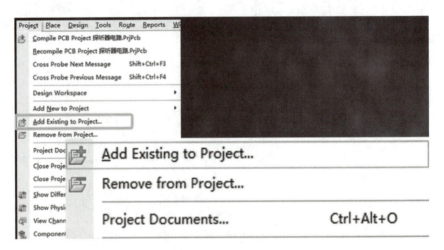

图 6-44 网表文件添加到工程

在工程菜单中，右键单击网表文件，弹出的菜单中选择 Show Differences…，这时候会出现一个对比结果对话框，勾选 Advanced Mode 复选框，左边区域选择网表文件，右边选择 PCB 文件，如图 6-45 所示。然后就会弹出对比结果对话框，在里面右键单击鼠标，弹出的菜单中，执行 Update All in > > PCB Document 命令，也就是把网表和 PCB 对比结果准备好，准备导入，如图 6-46 所示。

然后执行左下角 Create Engineering Change Order…命令，跳转到导入执行对话框，后续操作就和直接导入法操作一致，如图 6-47 所示，导入成功后如图 6-48 所示。

项目六　Altium Designer 印制电路板设计

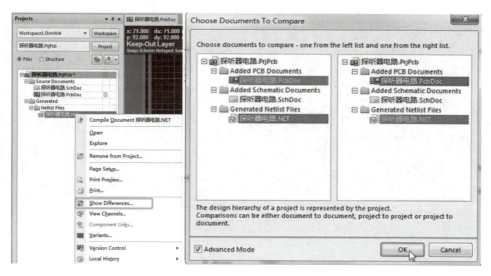

图 6-45　调用文件对比对话框

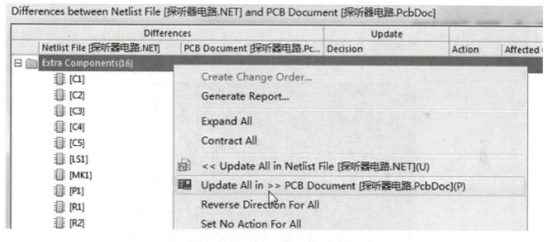

图 6-46　对比结果导入 PCB 文件

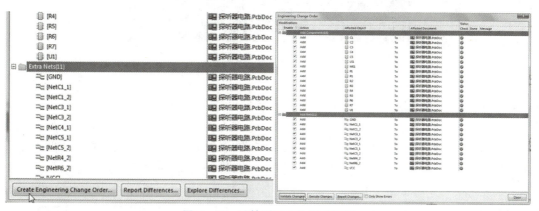

图 6-47　跳转到导入执行对话框

227

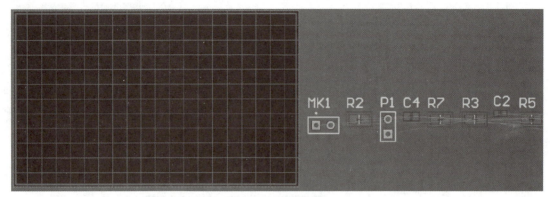

图 6-48 导入成功

6.4 PCB 布局与布线

完成下列任务:

在前面任务的基础上布局连线,电源线和地线宽度 30 mil,普通导线宽度 20 mil(线宽设置选做),采用单面板布线,完成后的 PCB 如图 6-49 所示。

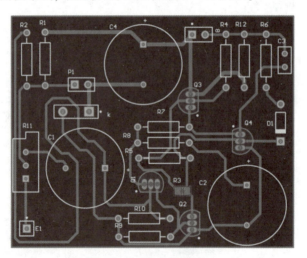

图 6-49 完成后的 PCB

6.4.1 PCB 布局

将元件封装导入 PCB 文件后,就要考虑怎样放置这些元件封装,这个过程也叫 PCB 布局。分三个部分:按照信号走向布局、元件排列原则和快速对齐布局工具使用。

1. 按照信号走向布局

按照信号走向布局,实际上就是在布局时需要考虑原理图中的信号走向,按照信号走向进行元件布局。按照信号走向布局原则,要注意以下两条:

(1) 围绕核心元件布局。进行布局时,先要将电路的核心元件放置好,然后以核心元件为中心,围绕它进行布局,如图 6-50 所示。

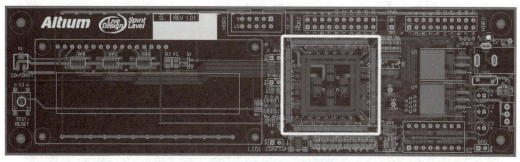

图 6-50 围绕核心元件布局

(2) 按照信号流向布局。在元件布局时尽量便于信号流通,使信号尽可能保持一致的方向。在多数情况下流向按照从左到右、从上到下,与输入/输出端相连的元件安装放置在靠近输入/输出接插件或者连接器的地方,如图 6-51 所示。

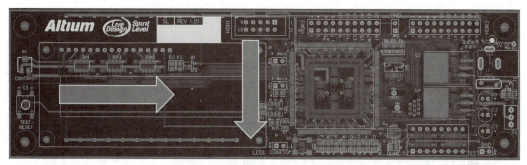

图 6-51 按照信号流向布局

2. 元件排列原则

确定好元件的流向后,就可以进行所有元件的排列放置,这时就需要考虑软件的排列原则。元件排列原则很多都与工程相关,因此这里只介绍常用的一些元件排列原则,如果碰到具体的工程问题,可以通过查阅资料进行了解。

1) 均匀排列

首先元件在整个板面上的排列要均匀、整齐、紧凑;单元电路之间的引线要尽可能的短;引出线的数目尽可能的少,如图 6-52 所示。

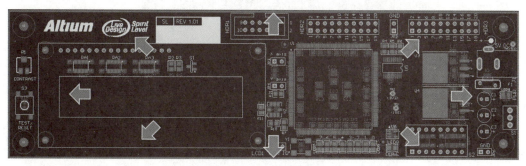

图 6-52 元件排列均匀

2）留有边距

元件不要占满整个板面，注意板的四周要留有一定的空间，位于印制电路板边缘的元件距离板的边缘应该大于 2 mm，如图 6-53 所示。

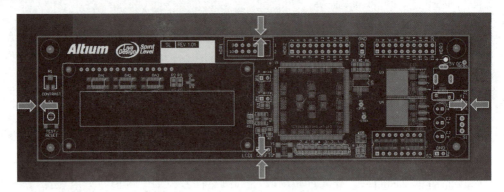

图 6-53　元件分布留有边距

3）保持距离

相邻的两个元件之间要保持一定的距离，以免元件之间碰接，个别密集的地方必须加装套管，若相邻的元件的电位差较高，要保持不小于 0.5 mm 的安全间距，如图 6-54 所示。

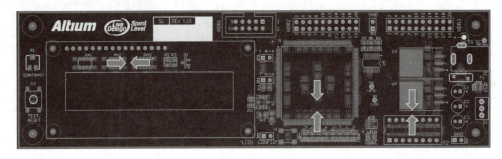

图 6-54　元件分布保持距离

4）元件不重叠

元器件的布设，不得立体交叉或者重叠上下交叉，避免元器件外壳相碰，如图 6-55 所示。

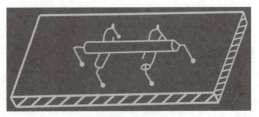

图 6-55　元件布设错误情形

5）贴片元件合理放置

一般情况，元件均放置在 PCB 的同一面上，只有在顶层元件过密时才能将一些高度有限并且发热量较小的元件（如贴片电阻、贴片电容、贴片 LED 等）放置在底层，如图 6-56 所示。

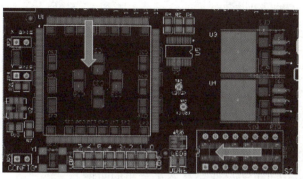

图 6-56 贴片元件合理放置

3. 快速对齐工具

元件的排列是 PCB 布局中工作量最大的任务，为了能加快布局速度，AD 软件提供了很多快速对齐工具。调用方法是在 Edit 菜单中选择 Align，Align 菜单中提供了多种对齐工具；或者在绘图区选择需要对齐的元件，单击鼠标右键，在菜单中选择 Align 选项，如图 6-57 所示。

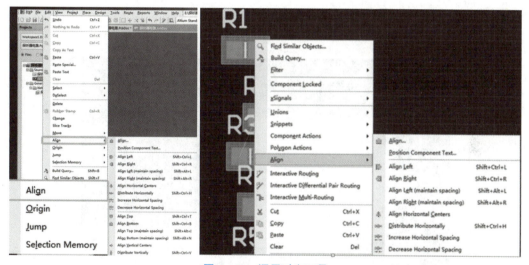

图 6-57 调用对齐工具

例如选择好 PCB 图中五个未对齐的电阻元件进行排列时，调用工具栏中的 Align Left 左对齐命令，可以看到所有电阻以最左的元件进行了左对齐，然后调用 Distribute Vertically 垂直平均分布命令，电阻的间距就相等了，如图 6-58 所示。

图 6-58 左对齐与垂直平均分布对齐过程

在 Align 菜单中可以看到很多对齐工具，菜单如图 6-59 所示，对应工具分别是：

(1) Align Left 左对齐；

(2) Align Right 右对齐；

(3) Align Left（maintain spacing）保持间距左对齐；

(4) Align Right（maintain spacing）保持间距右对齐；

(5) Align Horizontal Centers 水平中心对齐；

(6) Distribute Horizontally 水平平均分布；

(7) Increase Horizontal Spacing 增加水平分布的间距；

(8) Decrease Horizontal Spacing 减少水平分布的间距；

(9) Align Top 顶对齐；

(10) Align Bottom（底对齐）；

(11) Align Top（maintain spacing）保持间距顶对齐；

(12) Align Bottom（maintain spacing）保持间距底对齐；

(13) Align Vertical Centers 垂直中心对齐；

(14) Distribute Vertically 垂直平均分布；

(15) Increase Vertical Spacing 增加垂直分布距离；

(16) Decrease Vertical Spacing 减少垂直分布距离。

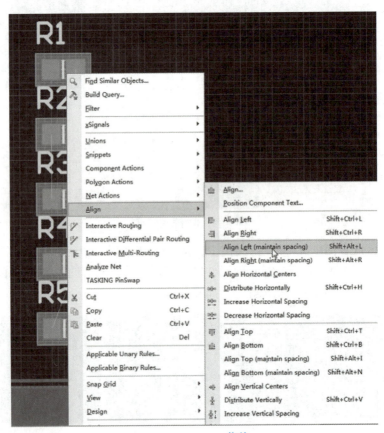

图 6-59　Align 菜单

除此之外，还可以选择菜单中的 Align 命令，可以进行自定义元件对齐方式，如图 6-60 所示。

图 6-60 自定义元件对齐

6.4.2 PCB 布线

1. 自动布线

PCB 的自动布线，是 AD 软件中自带的一种布线工具，它可以大大降低布线的工作量，并且可以减少布线时所产生的遗漏。对于一些要求不高，频率较低的电路，可以采用这种布线方式。自动布线需要调用相应的布线工具，在 Route 菜单中选择 Auto Route，选择所需要的自动布线工具，如图 6-61 所示。

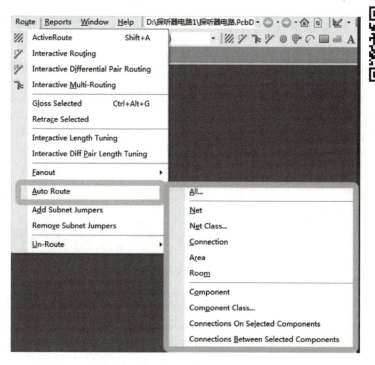

自动布线

图 6-61 调用自动布线工具

233

(1) 自动布线工具中的 All，这是针对所有元件进行布线，选中 All 以后会出现布线策略对话框，如图 6-62 所示。

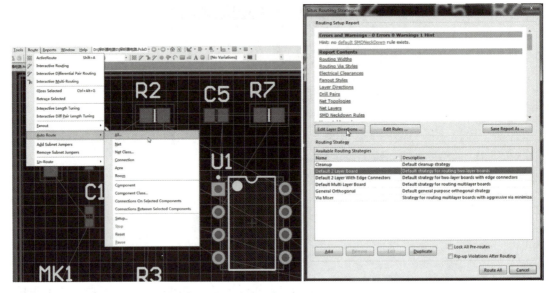

图 6-62　All 命令和调用布线策略对话框

上方区域主要用于设置布线层面以及检查布线中是否有错，如果有错会在 Error 中显示出来，其对话框如图 6-63 所示。

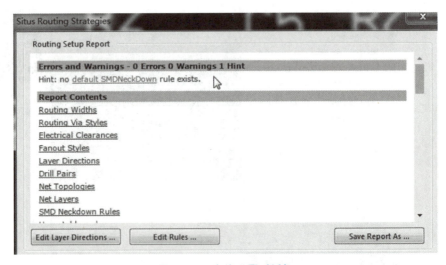

图 6-63　布线设置对话框

如果要修改布线层面，可以单击"Edit Layer Directions"按钮，由于是双面板，在弹出的对话框里有 Top layer 和 Bottom layer，Top layer 的布线方向为 Horizontal 水平，Bottom layer 的布线方向为 Vertical 竖直。想要修改布线方向，可以单击对应层面的方向，在下拉列表中选择，如图 6-64 所示。

项目六 Altium Designer 印制电路板设计

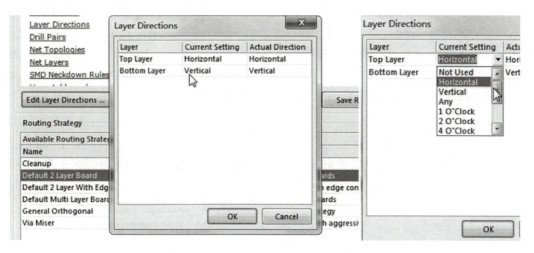

图 6-64 "Layer Directions" 对话框

如果要修改布线规则，可以单击"Edit Rules"按键，打开布线规则对话框进行设置，目前采用默规则即可，如图 6-65 所示。

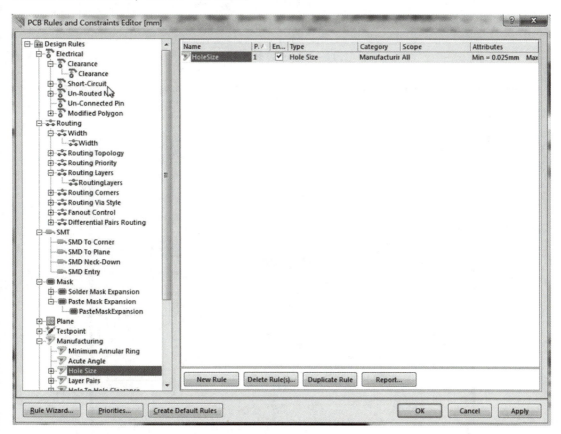

图 6-65 布线规则对话框

235

在下半部分区域主要用于选择布线策略，如图 6-66 所示。这里提供了六种默认的布线策略，分别是：Cleanup 清除策略、Default 2 Layer Board 默认双面板策略、Default 2 Layer With Edge Connectors 默认具有边缘连接器的双面板策略、Default Multi Layer Board 默认多层板策略、General Orthogonal 一般正交布线策略、Via Miser 少用过孔策略。本项目中，我们采用 Default 2 Layer Board 默认双面板策略。

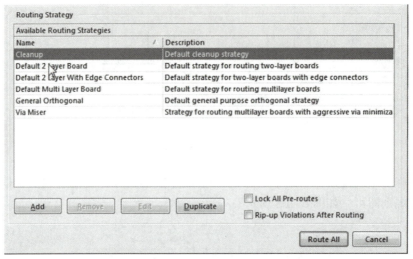

图 6-66　布线策略选择

如果想要对现有策略进行修改，可以单击"Add"按钮，在对话框中添加或删除策略，如图 6-67 所示。

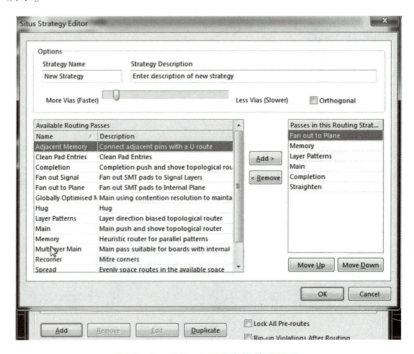

图 6-67　添加或删除布线策略操作

布线策略设置好后,在下面还有一个 Lock All Pre – routes 锁定已有布线复选框,如果前面已经布了一部分线了,可以选择该选项保留原有布线。然后单击"Route All"按钮就可以自动布线了,自动布线成功的电路板如图 6 – 68 所示。

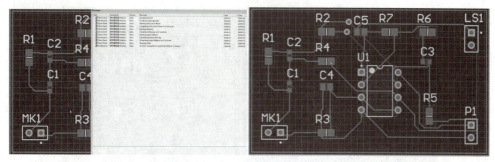

图 6 – 68　自动布线成功的电路板

(2) 在 Auto Route 自动布线菜单中选择 Net 网络选项,Net 的布线功能可以对相同网络的焊盘进行自动布线,选择 Net 工具后鼠标呈十字状,单击 VCC 网络中的一个焊盘,可以看到 AD 软件已经对整个 VCC 网络中的焊盘完成了自动布线,如图 6 – 69 所示。

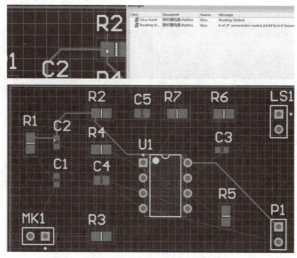

图 6 – 69　Net 命令布线

(3) 在 Auto Route 自动布线菜单中选择 Connection 连接选项,鼠标同样呈"十"字状,其自动连接方式转变为只连接单条飞线两端的焊盘,如图 6 – 70 所示。

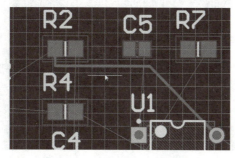

图 6 – 70　Connection 布线方式

237

(4) 在 Auto Route 自动布线菜单中选择 Area 区域选项，该选项用于对选中的区域进行自动布线，单击"Area"命令，用鼠标框选一个区域，AD 软件就对选中的区域完成自动布线，如图 6-71 所示。

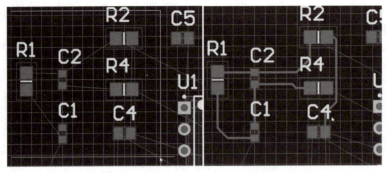

图 6-71　Area 布线方式

(5) 在 Auto Route 自动布线菜单中使用 Room 选项，Room 区域自动布线之前，首先需要建立一个 Room 区域，具体操作步骤是在 Design 菜单中选择 Rooms 菜单，选择 Place Rectangular Room，然后在电路板中框选一个区域建立 Room 区域，如图 6-72 所示。

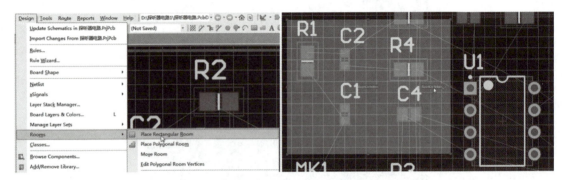

图 6-72　设置 Room 区域

然后在 Auto Route 自动布线菜单中选择 Room 工具，单击对应的 Room，AD 软件就对选中的 Room 区域完成自动布线，如图 6-73 所示。

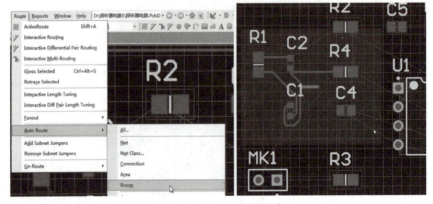

图 6-73　Room 布线方式

（6）在 Auto Route 自动布线菜单中的 Component 元件选项，该选项用于对某一元件所连接的焊盘进行自动布线，选择 Component 工具后，单击电路板中的单个元件，AD 软件就对该元件所连接的所有焊盘完成自动布线，如图 6-74 所示。

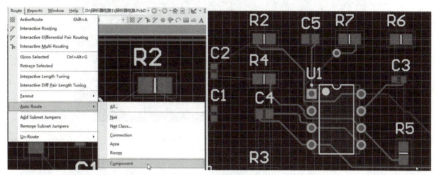

图 6-74　Component 布线方式

2. 清除布线

对于不合适、不满意的布线需要清除，AD 软件也提供了丰富的清除布线工具。在 Route 菜单下的 Un-Route 列表中提供了五种清除布线工具，如图 6-75 所示。

图 6-75　清除布线工具

（1）选中 All 选项可以看到电路中所有的布线都被清除，恢复成飞线状态，如图 6-76 所示。

（2）选中 Net 选项，可以将电路中同一网络焊盘间的布线都清除，选择 Net 对象的时候，可以是这个网络中的导线，也可以是焊盘，如图 6-77 所示。

（3）Connection 选项，可以看到在这个命令下，只有被鼠标选中的单根连接导线被清除，如图 6-78 所示。

（4）Component 选项，这是对整个元件与之相连的布线全部清除，如图 6-79 所示。

（5）Room 选项，清除 Room 区域以及与 Room 区域相连的导线，如图 6-80 所示。

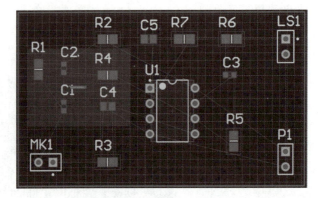

图 6-76 All 命令清除布线

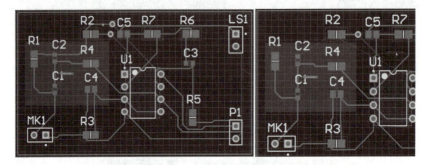

图 6-77 Net 命令清除布线

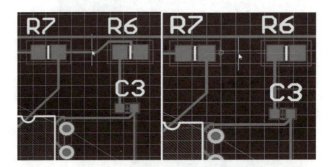

图 6-78 Connection 命令清除布线

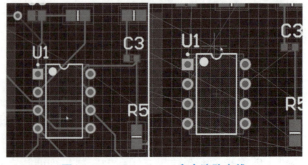

图 6-79 Component 命令清除布线

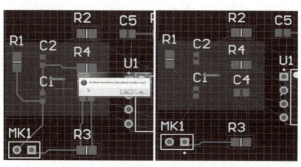

图 6 – 80　Room 命令清除布线

6.4.3　PCB 敷铜及补泪滴

电路板完成布局布线后，为了提高电路板性能，通常要对电路板完成敷铜与补泪滴操作。

1. 敷铜参数与操作

敷铜需要使用 AD 敷铜工具，可采用两种方法调用，一种是 Place 菜单下的 Polygon Pour 或者在工具栏中点选，如图 6 – 81 所示。

图 6 – 81　调用敷铜工具

选中敷铜工具后会出现 Polygon Pour 多边形敷铜对话框，对话框中有三种敷铜模式，分别为 Solid（Copper Regions）实心敷铜（图 6 – 82）、Hatched（Tracks/Arcs）网状敷铜（图 6 – 83）和 None（Outlines Only）空心敷铜（图 6 – 84）。通常选择前两种居多。

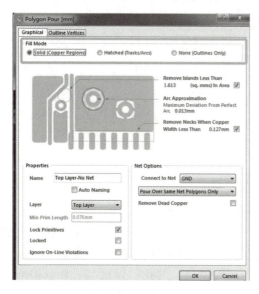

图 6 – 82　"实心敷铜"对话框

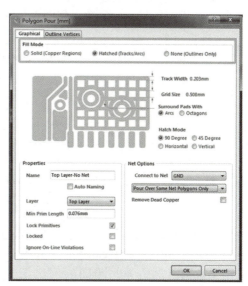

图 6 – 83　"网状敷铜"对话框

1) Solid (Copper Regions) 实心敷铜

选中 Solid (Copper Regions) 复选框后，里面会出现其他复选框，第一个是 Remove Islands Less Than 孤岛小于移除，用于敷铜面积少于设定值的铜皮；Arc Approximation 弧近似，用于设置焊盘周围敷铜的圆弧光滑度；Remove Necks When Copper Width Less Than 当铜皮宽度小于设置值时移除，如图 6-85 所示。

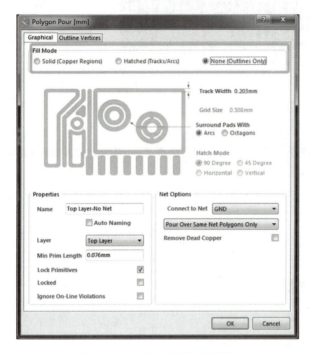

图 6-84 "空心敷铜"对话框　　　　图 6-85 空心敷铜复选框设置

Properties 属性区域中，Name 用于设置敷铜名称，Layer 用于选择敷铜层面，Lock Primitives 复选框用于锁定一些参数，如图 6-86 所示。

图 6-86 属性复选框

Net Options 如图 6-87 所示，Net Options 中的 Connect to Net 连接到网络，用于设置敷铜连接网络，一般都与地线相连；下拉有三个选项，分别是：Don't Pour Over Same Net Objects 用于敷铜内部填充与相同的网络图元相连，如焊盘、过孔、导线等；Pour Over All Same Net Objects 用于敷铜内部填充与任何图元相连；Pour Over Same Net Polygons Only 用于设置敷铜的内部填充、敷铜边界和同网络的焊盘相连；在最下方还有一个复选框 Remove Dead Copper 移除死铜，用于设置是否删除孤立区域的敷铜，孤立区域是指没有连接任何网络的封闭区域。

图 6-87 Net Options

2）Hatched（Tracks/Arcs）网状敷铜

该选项卡中大部分与实心敷铜功能设置相同，选项卡中多出了 Track Width 网状线宽和 Grid Size 栅格尺寸，如果将网格宽度设置大于栅格尺寸，则可以将网格敷铜变为实心敷铜；Surround Pads With 环绕焊盘，用于设置围绕焊盘的敷铜形状，Arcs 为圆形、Octagons 为八角形，如图 6-88 所示。

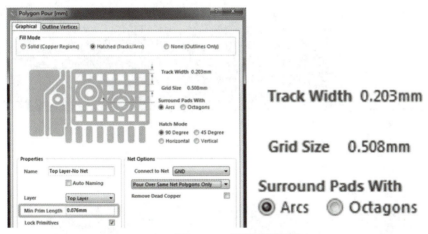

图 6-88 网状敷铜设置

Hatch Mode 用于设置网格敷铜的模式，其他区域大部分为相同选项，但是在 Properties 属性区域中多出了 Min Prim Length 选项，这个用于设置最小元素的长度，也就是最小图元的尺寸，如图 6-89 所示。

图 6-89 设置网格敷铜的模式

3）操作实例

以探听器电路 PCB 为例，双面板需要双面敷铜，如图 6-90 所示。

首先选择敷铜工具，选择网状敷铜，90°模式，先进行 Top layer 顶层敷铜，网络选择 GND，下拉菜单选择"仅与相同网络的焊盘相连"，单击"OK"后还需要绘制敷铜区域，如图 6-91 所示。

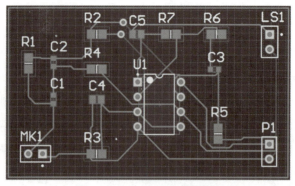

图6-90 探听器电路PCB

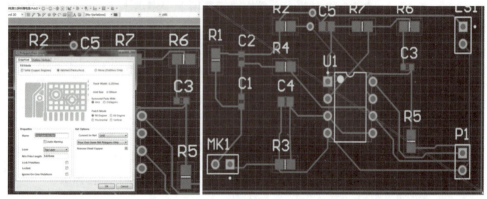

图6-91 敷铜设置与绘制敷铜区域

划定敷铜区域后单击鼠标右键完成顶层敷铜,重复刚才的操作,将Top Layer切换到Bottom layer完成底层敷铜,如图6-92所示。

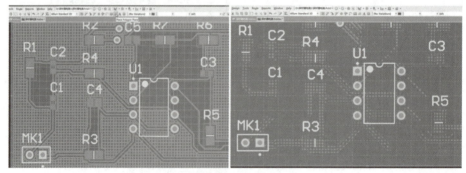

图6-92 顶层与底层敷铜

这样就完成了双面敷铜,如图6-93所示,可以通过底部标签切换不同层进行查看。

2. 补泪滴

在导线、焊盘或过孔的连接处通常需要补泪滴,加大连接面积,这样的益处在于在PCB制作过程中,避免因钻孔定位偏差导致的焊盘与导线断裂,还可以在安装和使用中可以避免用力集中导致的连接处断裂。补泪滴前后效果如图6-94所示。

调用补泪滴工具在Tools工具栏下,选择Teardrops泪滴,弹出"Teardrops"对话框,如图6-95所示。

项目六　Altium Designer 印制电路板设计

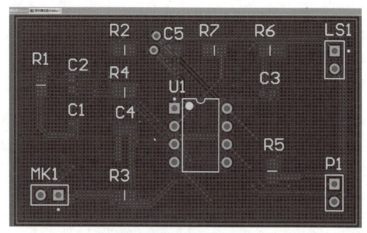

图 6-93　双面敷铜完成

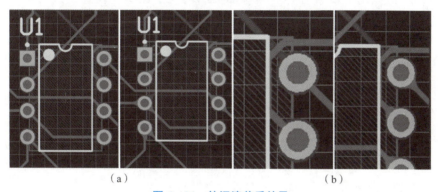

（a）　　　　　　　　　　　　　　　　　（b）

图 6-94　补泪滴前后效果

 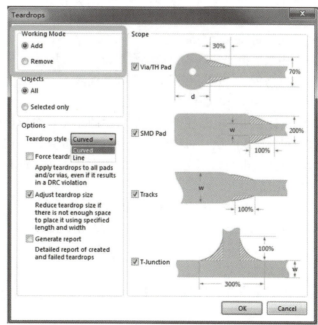

图 6-95　调用补泪滴工具

245

在 Working Mode 区域中，Add 用于添加泪滴，Remove 用于移除泪滴；Objects 区域中 All 用于对所有对象添加泪滴，Selected only 用于对选中的对象添加；Options 区域中 Teardrop style 可以选择不同类型的泪滴，如图 6-96 所示。

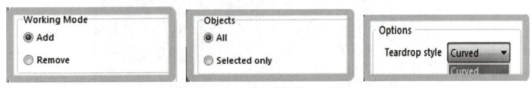

图 6-96　补泪滴设置选项卡

Force teardrops 复选框勾选后将强制对所有焊盘和过孔添加泪滴，不管是否违反规则；Adjust teardrop size 复选框勾选时进行添加泪滴操作时自动调整泪滴大小；Generate report 复选框勾选后，在添加泪滴操作后生成一个关于泪滴操作的报告文件。

右边 Scope 区域用于设置各种焊盘添加泪滴的大小比例，设置完成后就可以添加泪滴了。

6.5　印制电路板综合项目技能训练

1. 探听器电路印制电路板设计

（1）在项目一汇总的"探听器电路.PrjPcb"中创建 PCB 文件命名为"探听器电路.PcbDoc"。

（2）设置 PCB 图纸单位为 mm，并合理设置栅格大小。

（3）电路板物理尺寸为 50 mm×30 mm，电气边界距物理边界 0.5 mm，裁剪电路板。

（4）将原理图中的元件填入要求的封装，并将封装导入 PCB。

（5）将元件封装合理布局。

（6）采用双层板连接导线，顶层水平布线，底层垂直布线。

（7）对电路板进行顶层和底层敷铜并补泪滴。

2. 单片机双面 PCB 设计

双面板设计是印制电路板设计中最常用的。在双面板设计中，用户可以根据实际需要将元件放置在顶层或底层，布线中也可以将导线放置在任何一个信号层。本任务以"数码显示单片机系统"电路为例完成自动布线功能实现双面 PCB 设计。

1）绘制电路原理图

（1）创建"数码显示单片机系统.PrjPcb"项目文件。

（2）创建"数码显示单片机系统电路原理图.SchDoc"文件，其电路原理图如图 6-97 所示。

（3）编译原理图文件。

（4）生成网络表和元件清单文件。

2）创建 PCB 文件

（1）规划电路板大小和形状。

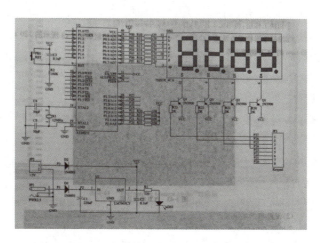

图6-97 数码显示单片机系统电路原理图

设置120 mm×85 mm的矩形PCB。

①设置PCB的物理边界。

设置原点：执行"Edit"→"Origin"→"set"菜单命令，鼠标指针变成十字状，在合适位置单击，确定原点位置。

切换工作层：将当前工作层切换到"Mechanical1"层。

绘制矩形物理边界：执行"Place"→"Line"菜单命令，绘制120 mm×85 mm的PCB物理边界。

②设置PCB的电气边界。

切换工作层：将当前工作层切换到禁止布线层"Keep-Out Layer"。

绘制禁止布线区：执行"Place"→"Keepout"→"Track"菜单命令，绘制一个120 mm×85 mm矩形封闭区域。

（2）载入网络和元件封装。

载入网络和元件封装的目的是将原理图信息同步到PCB中，有两种方法：一是在PCB编辑器中，执行"Design"→"Import Changes From XX. PrjPcb"菜单命令，从原理图中提取设计信息；二是在SCH编辑器中，向PCB传递设计信息。具体操作步骤如下：

在原理图编辑器中，执行"Design"→"Update PCB Document数码显示单片机系统电路PCB. PcbDoc"菜单命令，弹出"Engineering Change Order"（工程变更单）对话框，单击"Validate Changes"（验证变更）按钮，对话框的"Check"栏显示"√"，表示该元件的元件封装检测无误；如果显示"×"，表示该元件的元件封装检测有错误，需要重改再检测，直到所有元件通过检测，单击"Execute Changes"（执行变更）按钮，在对话框的"Done"栏显示"√"，表示上传PCB的元件和网络信息正确。

3）元件布局

电路板元件布局有自动布局和手工布局两种方式，多数情况下需要两者结合才能达到很好的效果。

（1）元件布局的原则。元件布局过程中需要遵循的一般原则如下：

①为了方便焊接，元件最好单面放置在顶层，在底层做焊接。如果需要双面放置元件，

一般在顶层放置插针式元件，在底层放置贴片元件。

②合理安排电路板接口元件的位置和方向。电路板的接口元件（电源、信号线等）一般布置在电路板的边缘；接口的方向要便于连接线可以顺利地引出；要在接口旁用 String（字符串）清晰地标明接口的种类。

③高压元件和低压元件之间最好有较宽的电气隔离带，即要将电压等级相差很大的元件分离开，这样有利于电气绝缘和信号的隔离与抗干扰。

④同一电路功能模块的元件放置在一起，即模块化的布局。

⑤对于易产生噪声的大电流电路和开关电路，其元件或模块应该选高逻辑控制电路和存储电路等高速信号电路，如果可能，尽量采用控制板结合功率板的方式，利用接口来连接，以提高电路板整体的抗干扰能力和工作可靠性。对于时钟发生器和晶振等高频元件，要放置在靠近 CPU 的时钟输入端。

⑥在电源和芯片周围尽量放置去耦电容和滤波电容。去耦电容和滤波电容的布置是改善电路板电源质量、提高抗干扰能力的一项重要措施。在实际应用中，印制电路板的走线、引脚连线和接线都有可能带来较大的寄生电感，导致电源波形和信号波形中出现高频纹波和毛刺，而在电源和地之间放置一个 0.1 F 的去耦电容可以有效地滤除这些高频纹波和毛刺。如果电路板上使用的是贴片电容，应该将贴片电容紧靠元件的电源引脚。对于电源转换芯片或电源输入端，最好布置一个 10 F 或更大的电容，以进一步改善电源质量。

⑦元件的标注信息应该紧靠元件的边框布置，大小统一、方向整齐，不与元件、过孔和焊盘重叠。正负极的标注应该在 PCB 上明显标出，不允许被覆盖。

⑧电源变换元件旁应该有足够的散热空间和安装空间，外围留有足够的焊接空间等。

（2）自动布局。Altium Designer 提供了强大的自动布局功能，在自动布局完成后进行手工调整，可以更加快速、便捷地完成元件的布局工作。自动布局可以执行"Tools"→"Component Placement"菜单命令。

（3）自动对齐排列。选中被排列的元件，执行"Edit"→"Align"菜单命令，以整齐美观为标准选择实际需要的排列方式即可。

（4）手工调整。虽然 Altium Designer 自动布局的速度和效率都很高，但自动布局后的元件通常比较凌乱，不能完全符合设计需要，因此不能完全依赖程序的自动布局。在自动布局结束后往往还要对元件布局进行手工调整。同时还要考虑到电路是否能正常工作和电路的抗干扰性等问题。某些元件布局时有特殊的要求（如本电路板的 JP1 就需要放置在电路板的边缘），是系统自动布局无法完成的。对元件布局进行手工调整主要是对元件进行移动、旋转、排列等操作。本例调整后的效果如图 6-98 所示。

4）自动布线

自动布线是在系统给定的算法下，按照用户设定的布线规则和给定的网络表，实现各网络之间的电气连接。按照操作便捷程度选择相应的自动布线方式。

5）手工调整布线

自动布线主要是实现电气网络间的连接，在实施过程中，很少考虑特殊的电气、物理散热等要求，因此，还应根据实际需求通过手工布线来调整和修改不合理的走线，使电路板既能实现正确的电气连接，又能满足特殊的电气、物理散热等要求。

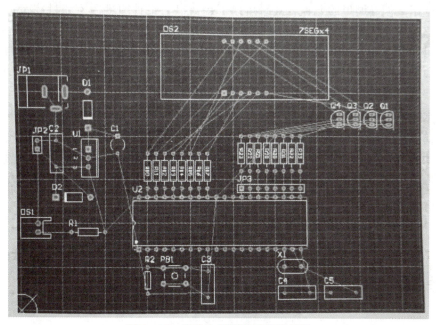

图 6-98　元件布局调整后的效果图

6）取消布线

如果发现 PCB 没有完全布通,即布通率低于 100% 或者欲拆除原来的布线,可执行 "Tools"→"Un-Route" 菜单命令,取消布线,然后重新布线。

6.6　国产 PCB 设计软件——立创 EDA 简介

立创 EDA 是一款高效的国产云端 PCB 设计工具,由立创商城 EDA 团队开发,国内版为 LCEDA,国外版为 EasyEDA,它能够进行 PCB 的完整设计,包括绘制元器件原理图库和封装库、原理图设计、PCB 设计、电路仿真、gerber 文件生成、坐标文件生成等。它可通过 PC 端软件进入,也可通过浏览器搜索立创 EDA 官网(网址:lceda.cn)进入。

它具有以下优点:

(1) 国内免费。

Altium Designer、PADS、Allegro 等 PCB 设计正版软件均需购买且价格昂贵,对于个体成本极高,而立创 EDA 不仅拥有 PCB 设计全部功能,而且对于国内市场采取永久免费的策略,成为越来越多人的选择。

(2) 团队协作。

立创 EDA 可在云端随时随地开发,拥有团队协作功能,支持多人同时开发,具有版本控制功能,可以随时随地用任何操作系统的计算机进行开发,多人共享设计文件和封装库。

(3) 简单易上手。

立创 EDA 界面简洁、操作简单,短时间内就能掌握 PCB 设计,而且立创商城的产品几乎全部都有对应的原理图库和封装库,并有器件照片和 3D 封装显示,所见即所得,如果设计过程中使用立创商城里的元件，几乎可以不用自己去设计原理图库和封装库。大大节约了设计电路板初期的原理库和封装库绘制的时间，这也是立创 EDA 巨大优势之一。立创 EDA 有专业电子工程师交流社区——立创社区，有自己的开源共享平台 OSHWHub，在平台上，有很多别人设置为公有的开源电路可以作为参考设计。

（4）设计、采购制造一条龙服务。

立创 EDA 可在线进行电路 PCB 设计，也支持 PCB 导入：可以导入 Eagle、Altium Designer、Kicad、LTspice 设计文件和库文件。设计完成后可在嘉立创进行 PCB 打样（小尺寸每月 2 次免费），在立创商城进行元器件采购，嘉立创激光钢网事业部进行钢网制造，嘉立创 SMT 贴片业务进行 SMT 贴片等，设计、采购和加工一条龙服务给工程师节省了很多时间和精力。

参 考 文 献

[1] 潘松,黄继业. EDA 技术与 VHDL [M]. 5 版. 北京:清华大学出版社,2017.
[2] 于润伟. EDA 基础与应用 [M]. 2 版. 北京:机械工业出版社,2020.
[3] 刘晓利. EDA 技术与应用 [M]. 北京:北京邮电大学出版社,2015.
[4] 宋嘉玉. EDA 实用技术 [M]. 2 版. 北京:人民邮电出版社,2012.
[5] 孙惠芹. Altium Designer 16 基础实例教程 [M]. 北京:北京邮电大学出版社,2022.